U0339818

The Meaning of It All:
Thoughts of a Citizen-Scientist

费曼讲演录：
一个平民科学家的思想

Richard P. Feynman

[美] 理查德·费曼 著　　王文浩 译

湖南科学技术出版社

出版者注

　　1963年4月，作为约翰·丹茨（John Danz）讲座系列的一部分，理查德·费曼应邀为华盛顿大学（西雅图）做了3次晚间演讲。在此是第一次结集出版。我们衷心感谢卡尔·费曼和米歇尔·费曼使本书的出版成为可能。

目 录

第1章

科学的不确定性

我想直截了当地就科学对其他领域各种思想的冲击这一主题谈谈我自己的看法，这也是约翰·丹茨先生特别希望探讨的议题。在这个系列讲座的第一讲里，我将讨论科学的本质，特别是要强调其中存在的可疑性和不确定性。在第二讲里，我将讨论科学观点对政治问题特别是对国家的敌人的影响，以及对宗教问题的影响。而在第三讲中，我将描述我是如何看待这个社会的——我想说的是，一个从事科学的人是如何看待这个社会的，但这只是我个人的实际感受——此外我还将谈到未来的科学发现有可能产生什么样的社会问题。

对于宗教和政治我知道些什么呢？你们学校物理系的和其他地方的一些朋友取笑我说："我们也想来听听你讲的啥。我们还从来不知道你对这些问题这么有兴趣。"当然，他们的意思是指我对这些问题感兴趣，但我未必敢说出来。

人们在谈论某一领域中的思想观念对其他领域思想观念的影响时，搞不好就会丢人现眼。在当今这个强调专业化的时代，很少有人能够深入掌握两个不同领域的知识，从而使自己立于不败之地。

今晚我在这里要描述的都是些古老的观念。这些观念差不多早在17世纪就被哲学家们谈论过。那么为什么还要重复讨论这些观念呢？这是因为每天都会有新一代的人出生。因为人类历史上形成的这些伟大观念需要我们特意地、明确地、一代一代地传承下去，否则就会失传。

许多古老的观念已成为常识，没必要再予讨论或解释。但我们环视周围就会发现，那些与科学发展问题相联系的观念则并不是每个人都能正确理解的。诚然，很多人都懂科学。特别是在大学里，大部分人都明白科学意味着什么，也许你就是其中之一，本不该来听我絮叨。

要讲清一个领域的观念对另一领域的影响很不容易，我将从我了解的科学现状开始讲起。我确实了解科学，知道它的思想和方法，它对待知识的态度、它进步的动力以及它对心智的训练。因此在这第一讲里，我想谈一谈我所理解的科学。我会把那些较为出格的议论放到下两讲里去，我猜想，届时听众会较少。

科学是指什么呢？这个词通常用来指下述三种情形之一，或是这三种情形的综合。我不认为我们需要说得十分精确——过于精确并不总是一个好主意。有时候，科学是指发现事物的具体方法，有时则是指从所发现的事物中产生出来的知识，最后它还可能是指你发现一事物之后可以做的新东西，或是你创制新事物这一过程本身。这最后一个方面通常称为技术——但如果你读一读《时代》（*Time*）杂志的科学栏目，你会发现，约有 50% 的内容是谈发现了什么新东西，还有 50% 是谈有什么新东西可以做或正在做。因此科学的通俗定义也包含部分技术内容。

我想按相反的顺序来讨论科学的这三个方面。我将从你可以做的新事物——也就是说，从技术——开始谈起。科学最明显的特征是它的应用特性。科学带来的结果是使我们有能力做许多事情。这种能力的效果几乎用不着多做解释。离开了科学发展，整个工业革命几乎就不可能发生。今天，我们能够生产出供应如此众多人口所需的充足的粮食，能够控制疾病——而所有这些事实都是在不必限制人身自由、不必像奴隶般全力生产的条件下取得的——这些事实之所以成为可能，可以说都是生产手段的科学发展的结果。

但是，这种做事的能力却并不附带如何运用它，是用它来为善还是为恶的说明，因此结果是好是坏全在于如何运用它。我们都乐见改进生产工艺，但由此却带来了自动化的问题；我们都对医学的发展感到满意，但转眼就为新生儿的数量之多感到担忧，担心因为疾病的灭绝而没有人死亡。还有，同样是掌握了细菌知识，有些人则躲在秘密实验室中拼命工作，以期培养出没人能对付的病菌。我们为航空运输业的发展感到高兴，那些大飞机真是令人印象深刻，但我们也意识到空战的恐怖。我们对国家间的通信能力感到欢欣鼓舞，接着却担心容易被监听。我们对人类进入太空感到兴奋不已，但这一领域无疑也将遇到麻烦。所有这些不平衡中，最有名的当属核能的发展以及由此带来的明显问题了。

科学到底有什么价值？

我认为，做事能力总是有价值的，至于结果是好是坏则取决于它如何被运用。但能力本身是有价值的。

我曾在夏威夷被带去参观一座佛教寺庙。在庙里有人对我说，"我要告诉你一个你永远不会忘记的事实。"然后他说，"上帝给了每一个人开启天堂之门的钥匙。这把钥匙也同样能打开地狱之门。"

这句话同样适用于科学。在某种程度上，科学是开启天堂之门的钥匙，但它同样可以打开地狱之门。我们没有得到任何指点来知晓哪个门是通往天堂之门。但为此我们就该把钥匙扔掉，从此放弃进入天堂之门的求索？抑或我们该就什么是运用这把钥匙的最佳方式继续争论？这当然是个非常严肃的问题，但我认为，我们不能就此否认这把天堂之门的钥匙本身的价值。

　　所有关于社会与科学之间关系的重大问题都在上述讨论的范围之内。当科学家被告知，他必须更多地负起社会责任时，指的往往就是科学的应用方面。如果你从事的是开发核能的工作，你就必须认识到它也可以作恶。因此在由科学家进行的这类讨论中，你会预料到这可能是最重要的议题。不过，我不想在此进一步谈论这一点了。我认为将这些问题看作是科学问题显然夸张了。它们更应当被看成是人道主义问题。事实上，如何运用这种能力是明确的，但如何控制它则不那么显然，后者已不属于科学范畴，不是科学家很懂的事情。

　　让我用一个例子来说明为何我不想谈论这些。前些年，大约在1949年或1950年前后，我在巴西教授物理学。当时有一个所谓"点四"项目，非常令人振奋——每个人都打算去援助欠发达国家。当然这些国家需要的是技术诀窍。

　　在巴西，我住在里约市。里约的山上有不少由旧招牌拆卸下来的碎木块等搭建的居所，住在这里的人极为贫困。他们没有下水道，也没有水。为了用水，他们得头顶着旧汽油箱下山，到正在盖新楼的建筑工地去取水，因为搅拌水泥要用水。人们将油箱注满水然后再把它们提上山。过后不久，你会看到有水从山上肮脏的污水管流下山来。整个情形非常可怜。

　　紧挨着这些小山就是科帕卡巴纳海滩上令人心动的建筑群，漂亮的公寓……

我对"点四"项目的朋友说："这该是个技术方面的问题吧?难道他们就不知道如何修一条水管把水引上山?难道他们就不知道铺设水管到山顶后,至少可以拎着空箱子上山然后把装满脏水的水箱带到山下?"

因此,这不是个技术问题。我们之所以可以肯定,是因为在紧邻的公寓楼里就有管道,有泵。现在我们认识到,这是一个经济援助的问题,但我们不知道这种经济援助是否真的有效。在每座山顶建一条管道和水泵成本是多少?这种问题在我看来似乎不值得在这里讨论。

虽然我们不知道如何解决这个问题,但我要指出,我们已试着做了两件事:技术支持和经济援助。尽管这两方面结果都不是很理想,但我们还会尝试别的东西。正如随后你将看到的,我觉得这一点令人鼓舞。我认为,不断尝试新的解决方案就是解决一切问题的途径。

这些是科学的实际应用方面,也就是你可以做的新的事情。其道理是如此明白,我们没必要继续讨论下去了。

科学的另一个方面是它的内涵,即迄今人类已取得的发现。这是成果,是黄金,是令人振奋的宝藏,是你训练有素的思考和辛勤工作所获得的回报。这种科学工作不以致用为目的,而是为了获得新发现带来的那股兴奋劲儿。也许你们大多数人都了解这一点。但是对那些还不了解这一点的人来说,要让我在一次演讲中就让他领悟到科学的这一重要方面,这种令人兴奋的体验,科学发展的真正动因,几乎是不可能的。不明白这一点的人是没法把握科学实质的。你只有了解并能够鉴赏我们这个时代的这一伟大的激动人心的非凡经历,你才会懂得科学的精髓，才能理解科学与其他事物的关系。你应当明白，科学活动就是一次巨大的探险，一种冲破约束、令人激动的探索，否则你就谈不上生活在这个时代。

你是不是认为这很乏味？其实不是这样。要将科学表达清楚是最困难的，但我也许可以给出一些有关的概念。我们随便找个概念从哪说起都行。

10　例如，古人认为大地是大象的背，这头大象则站在一头在深不可测的海面上四处游弋的海龟的背上。当然，大海又是靠什么支撑的则是另一个问题。这个问题古人答不上来。

古人的这一信念是想象力的结果。这是一种充满诗意的美好想法。再看看我们今天是怎样看待这一问题的，你会觉得乏味吗？世界是一个转动着的球，整个球面上站满了人，有些人倒立着。我们就像是炉火前的烤肉叉在不停地转动。我们围绕太阳在旋转。这是不是更浪漫，更令人兴奋？那么是什么支撑着我们不掉下去呢？是引力。引力不只是地球上才有的东西，而且是使地球从一开始就成为球状，使太阳不至于分崩离析，使地球围着太阳运行永远不会脱离轨道的东西。引力不仅支配着恒星，而且支配着恒星之间的关系，无论多远，无论在什么方向上，它都能让它们在巨大的星系里各就其位。

已经有很多人描述过我们这个宇宙，而且还将继续描述下去。宇宙未知的边缘就像前面诗情画意般描述的深不可测的大海海底 —— 神秘，给人以启迪，也不完整。

但是，大自然的想象力之雄阔远非人类可比。没有人能够想象出大自然会如此壮美，如果他没有通过观测对此有所了解的话。

再譬如地球和时间。想必你已经通过诗人的描写了解了什么是时间，但那种时间概念怎可与真实时间——那种漫长的演化过程——的内容之丰富相比？哦，也许我说得太快了点。这么说吧，起先，地球上 11 没有任何生命活动。几十亿年间，这颗星球就这么旋转着，日升日落，波涛翻滚，大海的喧嚣没有任何活物来欣赏。你能想象、品味或设想一个没有生命的世界会有什么意义吗？我们都习惯于从生命角度来看世界，这使我们无法理解没有生命将意味着什么，可是在相当长的时间里，这个世界就是在没有生命的情形下度过的。而且在宇宙中的大部分地方，今天仍是什么生命都没有。

就拿生命本身来说，生命的内部机制和各部分的化学组成是十分完美的。业已证明，所有生命都是与其他生命相互关联着的。叶绿素是植物进行光合作用重要的化学物质。它具有正方形结构，这种漂亮的环结构称为苯环。与植物相去甚远的是像我们人这样的动物，而在我们人体的含氧系统即血液中，血红蛋白也具有同样有趣而奇异的正方形环结构。只不过环的中心是铁原子而不是镁原子，因此它们不是绿色而是红色的，但它们的环结构完全相同。

细菌的蛋白质和人体的蛋白质是相同的。事实上，最近发现，细菌制造蛋白质的机制可以接受来自红细胞物质发出的指令来产生血红蛋白。各种生命形式之间就是这样接近！生物在深层次化学结构上的这种共性确实非常神奇而完美。但长期以来我们人类却一直骄傲得甚至看 12 不到我们与其他动物之间的这种亲缘关系。

　　再说说原子。那叫一个漂亮——晶体里以某种模式重复排列的小球可以延绵数千米长。看上去宁静不动的东西，比如盖着盖子的玻璃杯里的水，可以放在那里好几天，但其实是无时无刻不在运动。原子脱离液面，又反弹回水里。在我们肉眼看起来平静的现象实则充满了混乱和剧烈的运动。

　　还有，也已发现，整个世界都是由相同的原子组成的，恒星的组成也和我们一样。这就带来了一个问题：这些物质来自何处？这里不是说生命来自何处，也不是说地球来自何处，而是要追问形成生命和地球的物质来自何处。看起来好像可以认为，它们来自某些恒星爆炸喷射出的碎片，就像我们今天看到的恒星爆炸时的情形一样。这些碎片在45亿年的时间长河里不断演化着，最后变成现在这样：一奇异的生物拿着器具站在这里对着号称听众的奇异的生物进行宣讲。世界够奇妙吧！

　　我们再以人类生理学为例。其实我说什么区别都不大。如果你看
13　事情足够仔细，你会看到，没有任何东西能比科学家经过艰苦努力发现的真理更令人振奋的了。

　　在生理学里，你可以设想一下泵血过程。女孩子在做剧烈的跳绳运动时，体内会发生什么变化呢？血被泵出，交错连接的神经系统会很快将肌肉神经的反应回馈至大脑，说，"现在我们已经触及地面，赶紧提高血压，否则就要伤到脚后跟了。"当女孩上下跳跃时，还有另一组肌肉系统在工作，与之相连的另一组神经在数数："一、二、三、奥利里、一、二、……"她在做这些的同时，也许还在对看着她的生理学教授微笑。这也是泵血和肌肉神经反应的过程！

然后再说说电。正电与负电之间的吸引力是如此强大，以至于在所有正常物质中，全部正电与全部负电达到精确的平衡，每种电荷都紧拉着另一种电荷。在很长一段时间里，甚至没有人注意到电现象，只是在摩擦琥珀后发现它能吸起纸片。然而今天，我们在摆弄这些东西时发现，这里头还真有大量机理存在着。可惜这些科学机理还不能彻底被欣赏。

举个例子，我读过法拉第的《蜡烛的化学史》，一本根据他前后6次为青少年做的圣诞节讲座编成的书。法拉第演讲的要点是，不管你观察什么，只要你观察得足够仔细，你就会涉及整个宇宙。由此，他通过观察蜡烛的每一个特点，搞懂了燃烧、化学等。但这本书的序言在描述法拉第的一生和他的一些发现时却解释说，法拉第发现，化学物质电解时所必需的电量与被电解的原子数和电离价之积成正比。这篇序言还进一步解释说，他所发现的原理今天已应用于镀铬和铝阳极氧化着色，以及其他数十项工业应用中。我不喜欢这种陈述。我们还是来听听法拉第自己是怎么论述他的发现的："物质的原子以某种方式被赋予电性或与电能相关联，并因此显露出它们最显著的特性，其中就包括它们相互间的化学亲和力。"法拉第发现了使原子如何结合在一起的东西，这个东西也决定着铁和氧的结合并由此形成氧化铁，其中一些带正电，另一些带负电，它们按一定的比例彼此吸引。他还发现，原子中的电荷是按单位出现的。这两者都是重要的发现，但最令人兴奋的是，这两个发现成了科学史上最富戏剧性的罕见时刻之一：两大领域走到一起，得到统一。法拉第突然发现，表面上两个明显不同的两件事情实则为同一件事情的不同方面。有人研究电学，有人研究化学。突然人们发现它们是同一件事情——电场力导致化学变化——的两个方面。今天人们仍然是这么理解的。因此，单说这些原理仅被用在镀铬上是不可原谅的。

正如你们知道的那样，生理学上一有新发现，报纸就会以标准的字句刊出："发现者说，这项发现有可能用于治疗癌症。"但报纸却不能说明这项发现本身的价值。

试图理解大自然的运作方式是对人类的推理能力的最大考验。它涉及许多奇技妙想。你必须走过逻辑的美丽索道来避免在预测将要发生的事情时出错。量子力学和相对论的一些概念就是这样的例子。

这一讲的第三个方面是谈科学作为发现的方法。这个方法是基于这样一条原则：观察是判断某种东西是否存在的判官。如果我们认识到观察是一个概念的真理性的最终判据，那么科学上的所有其他方面和特征就都可以直接得到理解。但是，这里所用的"证明"其真正含义是"检验"，就如同100度的酒（美制酒度），这里100度是对酒精含量的一种检验。对当今的人来说，这个概念应该被解释为"通过例外情形来检验法则。"或者换一种说法，叫"用例外情形来证明该法则是错的。"这是一条科学原理。就是说，如果某项法则出现了一个例外，而这个例外又能够通过观察得到证实，那么该法则就是错的。

任何法则的例外情形本身是最有趣的，因为它向我们表明旧的法则是错的。于是最令人兴奋的事情就是去寻找什么是正确的法则，如果这种正确法则存在的话。人们通常在能够产生类似结果的其他条件下来研究例外情形。科学家总是试图找出更多的例外情形，并确定这些例外的特性，这是一个随着研究进展能给人带来持续不断的兴奋的过程。科学家不会设法掩饰既定法则的错误，实际情形正好相反，找出例外才会带来进展和兴奋。科学家总是试图尽快证明自己错了。

以观察为判决者这一原则为哪些是能够回答的问题施加了一道严格的限定。这些问题只限于如下情形，你可以这样问："如果我这样做，会有什么结果？"可以有好些方法用来尝试。而像"我该这么做吗？"或者"这么做值吗？"这样的问题就都不属于这种情形。

但如果一件事情不是科学性质的，如果它不能通过观察得到检验，这并不意味着它是死路一条，是错的或是愚蠢的。我们不是要证明科学的就是好的，其他的都不好。科学家研究所有通过观察可以分析的事情，因此能称为科学的事情都能被发现。但是那些无法通过观察来分析的事情则排除在外。这并不是说这样的事情不重要。事实上，它们在许多方面非常重要。例如在决定采取行动前，你必须下定决心，因此总会涉及"应当"的问题，这个问题就不能单独用"如果我这样做，会有什么结果？"的方式得到答案。你会说，"当然可以，你看到会发生什么，然后决定是否让它发生。"但是这一步正是科学家无能为力的。你可以搞定会发生什么，但你必须决定你是否希望这样的结果。

17

遵循以观察作为判定依据这一原则进行的科学研究会带来一系列技术上的结果。例如，观察不能太粗糙。你必须非常小心。仪器里可能有一些沾上灰尘的地方，从而使观察对象的颜色发生变化；而这是你不曾预想到的。你必须非常仔细地检查观察条件，完了之后还须复查，以确保你掌握所有条件，并且不会发生误解。

有意思的是，这种彻底性，尽管是一种美德，往往还是会被误解。当有人说某件事已经得到了科学处理时，他的意思往往是这件事得到了彻底处理。我听到有人说德国对犹太人的灭绝进行得很"科学"，其实这与科学一点都不沾边，只不过是强调进行得很彻底。因为这其中不涉及先进行观察然后检查结果从而确定事情的问题。如果按照这种理解，那么早在科学远不像今天这么发达，观察也不像今天这么受重视的古罗马时代和其他时期，就已经有这种"科学"的大屠杀存在了。因此在这种情况下，人们应该用"彻底"或"彻彻底底"而不是用"科学"来修饰。

如何进行观察有许多专门技术，常说的所谓科学哲学就是讨论这些技术问题的。对观察结果进行解释就是其中的一个例子。例如有个很著名的笑话是说一个男人向他的朋友抱怨说，他发现了一个神秘的现象：他农场里的白马要比黑马吃得多。为此他很担心，而且对此感到不解。后来他的朋友提醒他，可能他养的白马要比黑马多。

这听上去有些可笑，但想想我们在进行各种判断时有多少次犯下了类似的错误。你说"我姐姐得了感冒，并在两周内 ……"其实你想一想，这是不是也是这样一种情形。科学推理需要一定的训练，我们应该开设这种训练，因为在今天即使是最低级的这类错误也是不必要的。

科学的另一个重要特点是它的客观性。客观地审视观察结果是非常必要的，因为作为实验者你可能会偏爱某些结果。你做了几轮实验，但由于存在各种不确定性，譬如落有灰尘，因此每次结果都会不一样。你不可能控制一切条件。但你希望出现某种特定的结果，因此当这种结果出现时，你就会说，"看见了吧，就是这结果。"你再做一遍实验，结果不同。那是因为你前面的实验也许受到污染，但你忽略了它。

这些事情似乎显而易见，但人们在确定科学问题或跟科学沾点边的问题时却没有对此给予足够的重视。例如，在你分析股票涨跌是不是因为总统说过或没说什么的问题时，就可能是这种情形。

另一个非常重要的技术性要点是，法则越具体就越有趣。理论陈述得越明确，人们就越有兴趣去检验。如果有人提出说，行星之所以围绕太阳转，是因为所有的行星物质都有一种运动倾向，一种变动不居的特性，我们把它叫做"活力劲儿（oomph）"。这个理论也可以解释其他一些现象，因此是一个好的理论，是不是？不，与"行星绕日运行是因为受到向心力的作用，这种向心力的大小反比于到中心距离的平方"这样的命题相比，前者可以说是一无是处。第二个理论之所以较好，是因为它很具体，很明显这绝非偶然。它说得如此明确，以至于只要运动出现一丁点误差就可以判明其对错，除此之外这些行星可以随意摆动。但根据第一种理论，对这种摆动则解释成，"嗯，'活力劲儿'的行为是有点古怪。"   20

因此，法则越具体，其威力就越强大，同时也就越容易出现例外情形，因而也就越有趣，越值得检验。

语词可以变得毫无内容。如果一堆语词像"活力劲儿"的例子那样堆砌起来，我们从中得不到任何明确的结论，那么，这些语词构成的命题就几乎毫无意义可言，因为你根据该事物具有好动的秉性这一断言就可以解释几乎任何事情。哲学家对此有过很多论述，他们说每个词必须有非常准确的定义。其实我不太同意这个观点。我认为极端精确的定义通常是不值得的，有时是不可能的——实际上大多数情况下都是不可能的，但在这里我不想就这个问题继续讨论下去。

　　许多哲学家在谈到有关科学的问题时，大多数内容其实是关于"如何确保某种科学方法行之有效"这样的技术层面的问题。至于这些技术要点是不是适用于不以观察作为判据的领域就不得而知了。我不会说任何事情都要用观察检验的方法来判定。在不同的领域，斟词酌句或法则的具体性等也许并不是这么重要。我说不好。

　　在上面所谈的内容里，有很重要的一点我没谈到。我说观察是一个概念是否含有真理的判决者，但这个概念从何而来的呢？科学的快速进步和发展要求人类发明出一些东西用以检验。

　　在中世纪，人们认为只要多做观察，观察结果本身就会产生出法则。但这种做法并不有效。在这里想象力更为重要。因此接下来，我们要谈的是新概念从何而来。实际上，重要的是要有新概念，至于它们从何而来并不重要。我们有办法检验一个概念是否正确，这与它来自何方不相干。我们只管检查它是否与观察结果相抵触。因此在科学上，我们对一个概念是怎么产生的并不感兴趣。

　　不存在决定什么是好概念的权威。我们早已不需要通过权威来确定一个概念的正确与否。我们可以参考权威的意见，请他提出某些建议。然后我们可以尝试这些建议，看看它们是不是正确。如果不正确，甚至更糟糕——那么，"权威"也就失去了其"权威"。

　　起初科学家之间的关系充满争执，因为他们属于一群最能辩的人。例如，早期物理学就是这种情形。但今天物理学界里的关系则非常好。科学论战可能会充满着笑声，争论双方都有不确定性，双方都在构思实验并打赌说会出现什么结果。在物理学里，积累的观测数据是如此丰富，你几乎不可能想出什么新概念，它既不同于此前已有的概念，又能够与现有的所有观察结果相一致。因此，如果你从什么地方的什么人那里得到了新东西，你只会高兴，不会争论说为什么其他人说什么什么的。

许多学科还没有发展到这一步，而是有点类似于物理学初期的情形，当时有很多争论，因为没有那么多观察结果可凭据。我提出这一点是因为这是一个有趣的现象：人与人之间的关系，如果有一套独立的检验真理的方式，就会变得不那么争论不休。

大多数人都觉得奇怪，在科学上，人们并不关心某个概念提出者的背景，或他提出这一概念的动机。你只需要听，如果这个点子听起来值得一试，而且可以一试，它与众不同，却并不明显与以前的观察结果相抵触，那么它就会令人兴奋并值得去试。你不必在意他研究了多久，为什么他会找到你来讨论。从这个意义上说，这个想法出自何处无关紧要。它们的真正源头是未知数，我们称之为人类大脑的想象力，一种创造性的想象力——要说它是已知的，那它就是一种"活力"。

令人惊讶的是人们不相信科学研究中存在想象力。这是一种非常有趣的想象力，它不同于艺术家的想象力。发挥这种想象力最难的是你要构想出一种你从来没有见过的东西，它的每一个细节都与已有的东西相一致，但它本身则与所有已能想到的不同。此外，它必须非常明确，而不是一个模糊的命题。这确实困难。   23

顺便说一句，我们有各种可进行检验的法则这本身就是个奇迹。有可能找到一条法则，如万有引力的平方反比律，就是某种奇迹。我们对这条法则可能并不完全知其所以然，但它能提供预测的可能性——这意味着它能告诉你在你还没进行的实验中你能预期会发现什么。

　　有趣的是，同时也是绝对不可或缺的是，各种科学法则之间是相互一致的。由于观测结果具有同一性，因此对同一个现象不可能出现一条法则预言的是这种结果，而另一条法则预言的则是另一种结果的情况。因此，科学不是某个专家的专利，它完全是普适的。我在生理学中讨论原子，在天文学、电学和化学里也讨论原子。它们都具有普适性，都必须相互一致。你不能用不能由原子构成的新事物来作为开端。

　　有趣的还有，推理在猜测法则的过程中很有用，各种法则，至少在物理学里是这样，会因此变得减少。我在前面给了将化学里的一条法则和电学里的一条法则合而为一的例子，这是减少法则的一个很好的例证。但还有更多的例子。

24

　　描述自然的法则似乎都具有数学形式。这不是以观察结果作为判据的结果，也不是科学所必需的一种特性。而只是表明，至少在物理学领域是这样，你可以将定律写成数学形式，这样会具有强大的预测能力。至于大自然为什么是数学的，同样也是一个未解之谜。

　　现在我要谈一个重要问题，那就是旧有的定律可能是错的。观察怎么会不正确呢？如果它已得到仔细检查，结论又怎么会不对呢？为什么物理学家总在变更定律呢？答案是，第一，定律不是观察结果；第二，实验总是不精确的。定律都是猜中的规律和推断，而不是观察所坚持的东西。它们只是好的猜想，到目前为止一直都能通过观察检验这把筛子。但后来知道，眼下的这把筛子的网眼要比以前使用的更小，于是这条定律就过不去了。因此说，定律都是猜测出来的，是对未知事物的一种推断。你不知道会发生什么事情，所以你需要猜测。

例如，我们一度曾认为——人们发现——运动不会影响到物体的重量，就是说，如果你旋转一个陀螺并称量它，然后在它停止后再称量它，结果称出来的重量相同。这是一个观察的结果。但是你不可能将物体重量精确到小数点后无限多位，譬如十亿分之一。但现在我们知道，旋转的陀螺要比静止的陀螺重不到十亿分之一。如果陀螺旋转得足够快，使得边缘速度接近每秒186000英里[1]，那么重量就增加得很可观了——但现在我们还做不到这一点。第一次对比实验是在陀螺的速度远低于每秒186000英里的条件下进行的。转动的和静止的陀螺质量读出来都一样，于是人们猜想，质量不随运动状态而变化。

多么愚蠢！真是一个傻瓜！这只是一种猜测，一种外推。他怎么会做出如此不科学的事情来？其实这里无所谓不科学，只是不确定。不做猜测那才真叫不科学呢。人们一定会这么做，因为在这里推断是唯一真正有价值的事情。只有面对尚未有人尝试过的局面来预言将会发生什么事情，才值得去做。如果你能告诉我的只是昨天发生的事情，这种知识没有什么真正的价值。有用的知识必须是，如果你做了一些事情，就能告诉我明天会发生什么——这不仅必要，而且也很好玩。只是你必须愿意承担出错的风险。

每一条科学定律，每一条科学原理，每一项观察结果的陈述都是某种形式的删繁就简的概述，因为任何事情都不可能得到准确的描述。

1.即光速。1英里=1.609千米。——译注

26 上述那位猜测者只是忘了 —— 他本该这样来陈述定律:"只要物体的速度不是太大,物体的质量就不会有明显变化。"这种游戏就是先制定明确的法则,然后再看它是否能通过观察之筛。因此,这里具体的猜测是,质量从不改变。多么令人兴奋的可能性!不管实际情形是不是如此,它都没有害处,只是不确定。而不确定性并不造成损害。提出一种猜测尽管不确定但总比什么都不说要好。

有必要指出,实际情形也确实是这样,我们在科学研究中所说的一切,所得出的所有结论,都具有不确定性,因为它们只是结论。它们是关于会发生什么事情的猜测。你不可能知道会发生什么,因为你不可能进行最完备的实验。

奇怪的是,旋转陀螺的质量效应是如此之小,你可能会说,"哦,这没什么区别呀。"但是为了得到一项正确的法则,或者至少是为了能够通过不断出现的筛子,就需要进行更多的观察,需要非凡的智慧和想象力,还需要对我们的哲学、我们对空间和时间的理解进行彻底的更新。我指的是相对论。事情往往就是这样,一旦出现些微的效应,就需要对现有概念进行极具革命性的修正。

因此,科学家已习惯于对付存疑和不确定性。所有的科学知识都是不确定的。这种与怀疑和不确定性打交道的经验很重要。我相信它具有非常大的价值,并且能够应用于科学以外的领域。我相信,要解决任何过去一直悬而未决的难题,你必须让通向未知领域的大门敞开。
27 你必须允许出现可能不完全正确的情形。否则,如果你已经心有成见,就很可能解决不了这个问题。

当科学家告诉你他不知道答案，说明他对这个问题还不清楚。当他告诉你他预感到应当如何去着手工作时，表明他对问题的解决还不是很确定。当他可以肯定事情是怎样进行的，并告诉你，"我敢打赌，这么做肯定行"的时候，表明他仍然有一些疑问。而且最重要的是，为了取得进展，我们必须容许这种无知和疑虑。正因为我们心存疑虑，我们才会在新的方向上探求新的设想。科学发展的速度不取决于你取得观察结果的速度，更重要的是看你创建用于检验的新东西的速度。

如果我们不能够或不希望从新的方向看问题，如果我们没有疑问或不承认无知，我们就不会产生任何新的想法。那样的话也就没有什么值得检验了，因为我们知道什么是对的。因此，我们今天称之为科学的东西是一套对确定性程度各不相同的知识的陈述。其中有些知识最不确定，有些几乎可以肯定，但没有一个是绝对肯定的。科学家对此已经习以为常。我们知道，人都能生活在这个世上并且对很多事情并不知情，二者间并无矛盾。有人会说："你啥都不知道怎么可能活着？"我不知道他们的意思。我永远是活在很多东西都不知道的状态中。这很容易。你怎么知道我想知道啥。

在科学上允许有这种怀疑的自由是非常重要的，而且我相信在其他领域也是如此。它是斗争的产物。这是为获准怀疑、为容许存在不确定而进行的斗争。我不希望我们忘记这种斗争的重要性，默认事情就这么发展下去而无所作为。作为一个懂得一种可以接受的无知哲学的巨大价值，知道这种哲学有可能带来进步的科学家，我感到有一种责任。我有责任宣扬这种自由的价值，并告诫人们：怀疑不可怕，而应予欢迎，把它当做人类一种新的潜在的可能性来欢迎。如果你知道你还不能确定，你就有机会来改善这种局面。我要为后代争取这种自由。

　　在科学上，怀疑精神具有明显的价值。在其他领域是不是这样我不敢说，这是个不确定的问题。我期望在下两讲里重点讨论这个问题，我将试图证明，怀疑精神很重要，怀疑不是件可怕的事情，反而具有十分重要的价值。

29

第2章

价值的不确定性

当我们想到人类似乎具有各种奇妙的潜力，而我们取得的成就与之相比却显得那么渺小，我们都会感到失落。我们一而再，再而三地认为我们可以做得更好。生活在过去各个时代的噩梦里的人们，对未来寄予梦想，我们，作为他们所梦想的未来，虽然在很多方面已经超越了那些梦想，但在很大程度上依然做着同样的梦。今天我们对未来所抱的希望在很大程度上与过去他们对未来所怀的梦想是一样的。人们一度认为，人的潜力没得到充分发展是因为每个人都很无知，解决这个问题的出路在教育，如果所有人都受到良好的教育，那么人人都可能成为伏尔泰。但事实表明，学会作假和作恶与学好一样容易。教育是一种强大的力量，但它既可以被用作学好，也可以被用来教人使坏。我曾听人说，国家间的信息交流应当能够增进相互了解，从而成为发展人的潜能的途径。但是通信渠道可以开通也可以关闭。传播的可以是谎言也可以是真理，可以是宣传也可以是真实的、有价值的信息。通信是一种强大的力量，但它同样既可以为善也可以为恶。曾几何时，应用科学被认为至少可以将人从物质困难中解救出来，历史也确实记录了某些好的方面，特别是在医学领域。但另一方面，有些科学家则躲在秘密实验室里小心翼翼地开发某些可怕的病毒。

每个人都厌恶战争。今天，我们的梦想是通过和平手段来解决问题。如果没有军备开支，我们可以做任何我们想做的事情。但和平也是一种可以为善也可以为恶的强大力量。和平怎么为恶？我不知道。但如果有一天我们得到了和平，我们就会看到这种情形。显然，我们将和平视为一种强大的力量，同样，物质力量、通信、教育、诚实和许多梦想家的理想也都是这样的强大力量。与古人相比，我们今天有更多的力量需要控制。也许我们在这方面做得比大多数前人能做到的要好一些。但比起我们目前取得的好坏不分的成就，我们理应能够取得的似乎还应当多得多。为什么会这样呢？为什么我们不能战胜自己？因为我们发现，即使是最伟大的力量和能力，似乎也没有附带任何明确指出该如何运用它们的说明。譬如，我们积累下的关于物理世界行为的大量知识只是让人确信，这种积累缺少一种内在的价值意义。科学并不直接告诉我们好和坏。

古往今来的各个时代，人们一直试图弄清楚生命的意义。他们意识到，如果能为人类的总体发展，为我们的行动指明某个方向，赋予一定的意义，那么人类将显示出巨大的力量。因此，对于人类一切活动的意义这个问题，曾有过很多很多的答案。但所有这些答案都各不相同，难以调和。一种思想的支持者看到另一种信仰的信徒们在积极行动就会感到恐惧 —— 因为从他们的观点来看，人类所有的潜力都被引向了虚假的、受限的死胡同。事实上，哲学家们正是从历史上出现的这种虚伪信念带来的巨大灾难中认识到人类所具有的神奇潜质和惊人能力。

人类的梦想是要找到一条公开、开放的通道。那么，所有这一切有什么意义呢？对于如何驱除笼罩在存在之上的神秘感，今天我们能说什么呢？纵观人类的一切知识，不仅是古人所了解的那些，而且包括他们不了解而我们今天已经发现的所有知识，我认为我们必须坦率地承认，我们还很无知。但是我认为，承认了这一点，我们可能就已找到了这条开放的通道。

承认我们无知，永远保持"我们不知道应朝哪个方向走"这样一种态度，我们就留有了更改、思考的可能性，留有了对发展方向问题做出新贡献和新发现的可能性，尽管我们还不知道我们想要什么。

　　回顾历史上最糟糕的那些时期，我们几乎总能发现，这些时期总有一群对某些东西绝对信仰、十分教条的人。他们对于所信仰的东西是如此严肃认真，以至于坚持认为世界上其余的人都应当认同他们。为了坚持他们宣扬的真理性，他们会做出直接违背自己信仰的事情来。　34

　　在上一讲里我已谈到，这里我还想重申的是，我们只有容许无知，容许不确定性，我们才有希望让人类沿着不受限制、不会永远被阻塞的方向上持续前进，而不再复现人类历史上多次发生过的情形。我要说我们不知道什么是生命的意义，什么是正确的道德价值观，我们没有办法选择它们，等等。对于道德价值，对生命的意义等这些问题的讨论，只有追溯到道德体系和意义描述的广大源头，即深入到宗教领域，才能进行。

　　因此我认为，想要在三次讲座里讲清楚科学思想对其他领域思想的冲击这一主题，就必须对科学与宗教的关系进行坦率、充分的讨论。我不知道为什么我甚至要为这么做找个理由，因此接下来我不会继续作这样的解释了。不过，我还是想从讨论科学与宗教之间的冲突开始。我已经大致描述过科学是指什么，现在我要告诉你我所说的宗教是指什么。宗教这个问题要说清楚非常困难，因为不同的人有不同的理解。但在这里，即我要展开的讨论里，我是指日常的、普通的、去教堂做礼拜的那种宗教，不是宗教的那种优雅的神学，而是指普通民众对宗教　35
信仰的较为传统的理解。

　　我坚信，科学与宗教之间是存在冲突的，这里宗教基本上是按上面那样的定义所指。为了使讨论变得容易，使事情变得非常明确，而不是变成一种非常困难的神学研究，我将提出一个在我看来时有发生的问题。

比方说，一个来自宗教家庭的年轻人上大学，学的是科学。学习科学的结果，自然不免会对事物产生质疑。因此，他先是开始怀疑，然后开始不信仰他父亲所信奉的上帝。这里的"上帝"，我是指那种人格化的上帝，那种做礼拜时向之祈祷、与创世有关联的上帝，也许，还是人们祈求道德价值时所面对的那个上帝。这种现象经常发生。这不是一个孤立的或想象的情况。事实上，我相信，尽管我没有直接统计，有超过一半的科学家不信仰他们父辈的上帝或传统意义上的上帝。大多数科学家不信教。为什么？到底发生了什么？通过回答这个问题，我认为我们将能够搞清楚宗教和科学的关系问题。

那这是什么原因呢？这有三种可能。第一，这个年轻人师从的是一位科学家，我已经指出，他们是无神论者，因此他们的罪恶不断地传播给了学生……谢谢（你们的笑声）。如果你也持这个观点，我认为这表明你知道的科学还不如我知道的宗教多。

第二种可能是，因为半瓶子醋最危险了，而这个年轻人刚学了一点点科学就认为他全都知道了。因此人们认为，当他变得更成熟之后，他会较好地理解这些事情。但是我不这么认为。我认为有许多成熟的科学家，或自认为成熟的人——也就是如果你事先不了解他们的宗教信仰，你会认为他们很成熟的那种人——并不信奉上帝。事实上，我认为答案正好相反：他并非知道了一切，而是突然意识到自己并非知道一切。

对这一现象解释的第三种可能是，年轻人也许没能正确理解科学，科学并不能否定上帝的存在，信仰科学和信奉宗教并无矛盾。我同意科学不能否定上帝的存在。我绝对同意。我也同意信仰科学和信奉宗教是并行不悖的。我知道很多科学家都信奉上帝。我的目的并不是要否定什么。很多科学家信奉上帝的方式甚至还非常传统，也许我不确切知道他们是如何信奉上帝的。但他们对上帝的信仰和在科学的行为完全并行不悖。这种一致性做到了，但做起来并不容易。我在这里要讨论的是，为什么达到这种一致性会非常困难，以及值不值得尝试去实现这种一致性。

我认为，当这个年轻人学习科学后，他所面临的困难有两个来源。 37 首先，他学会了质疑，认为遇事有必要质疑，懂得了质疑的可贵之处。于是，他开始怀疑一切。在这之前，问题可能是"上帝究竟存不存在"，现在问题变成了"我在多大程度能确信上帝的存在？"现在他面临一个新的不同于以往的棘手问题。他必须确定他能确信到什么程度，他处在了两个极端之间：一端是绝对肯定，另一端是绝对否定。他的信仰位于什么位置呢？由此他意识到他的知识只能是不确定条件下的知识，他再也不能绝对确信任何事情了。他必须拿定主意：到底是一半对一半呢，还是有97%的把握？听起来这个差别不大，但它非常重要，也非常微妙。当然，一般来说，人们不会一开始就怀疑上帝的存在。通常他会从怀疑信仰的某些细节开始，譬如说是否有来世，耶稣生平的具体问题等。为了使这一问题尽量突出，说得更加直白，我将予以简化，直接 38 提出这样的问题：上帝到底存不存在。

这种自我反省或思考——随你怎么看吧——的结果，往往是要么非常接近于肯定：存在上帝；要么是另一极端：几乎可以肯定"存在上帝"是错误的。

　　这个学生学习了科学之后还会遇到第二个困难，就是说他会在一定程度上感受到科学与宗教之间的冲突，这是受到两种教育的人必然会遇到的困难。虽然我们可以在神学和高层次哲学层面上论证说这二者间没有冲突，但事实上，来自宗教家庭的这位年轻人在学习科学时还是会与自己、与他的朋友产生争论，这也是一种冲突。

　　冲突的第二个来源与他学习科学有关，或更谨慎地说，与他学习科学有部分关系。例如，他通过学习知道了宇宙的大小。宇宙之大令人印象非常深刻：我们不过是生活在一个围绕太阳旋转的微小颗粒上。而这个太阳又不过是我们所在的这个星系中数千亿个太阳中的一个，而我们这个星系则又是宇宙中数十亿个星系中的一个。又譬如，他懂得了人与动物之间亲密的生物学关系，懂得了一种生命形式与另一种生命形式之间的亲密关系，懂得了人不过是这一绵长宏大的进化过程中的后来者。难道其余的都只是为他的诞生而搭起的平台？另外还有原子。我们现存的一切似乎都是由它按不可改变的规律构造的，没有任何东西可以例外。恒星的构造是这样，动物的构造也同样——只是更为复杂，活得似乎很神秘。

　　思考人类活动之外的宇宙，想象没有人的话它会是个什么样子，是一种伟大的探险。其实宇宙在其漫长历史中的大部分时间里，在绝大多数地方正是这种情形。当他终于有了这种客观视角，物质的神秘性及其至高无上的地位也就得到了充分理解。然后他再用这种客观的眼光回头审视作为物质的人类就会看出，生命只是宇宙极为深奥的神秘的一部分，这是一种非常罕见、非常令人兴奋的体验。当试图理解宇宙中的原子到底是什么的努力徒劳无获时，人这个东西——一群充满好奇的原子——反观自身并且惊奇为什么会对事情充满好奇时，他会哑然失笑。最后，这些科学观点走向敬畏和神秘的终点，消失在不确定性的边缘，但它们似乎是如此之深刻，如此令人难忘，以至于使得"所有这一切都是上帝安排好的用来观看人类为善恶争斗的看台"的论调显得不够充分。

有人会告诉我，我刚才所描述的恰是一种宗教体验。好吧，随你怎么称呼都可以。接下来我要说，就算是一种宗教体验，那么这个年轻人的宗教体验使他发现，他所信奉的信仰不足以描述或涵盖这样一种体验。他信奉的上帝不够强大。

40

或许吧。每个人都可以有不同的意见。然而，假若这位学生得出的结论是个体的祷告确实到达不了上帝那里。我不是要证伪上帝的存在，而只是想让你明白受到两种不同观点教育的人的困难所在。据我所知，我们不可能否定上帝的存在。但不可否认的是，同时接受两种不同的观点是非常困难的。因此，假定这个学生在这方面恰好碰到困难，他得出的结论就是个人的祈祷上帝不可能听到，那将会发生什么事？于是一种怀疑机制，就是他的疑惑，会转向伦理问题。因为，按他过去受到的教育，他的宗教观已认定，上帝的话就是伦理道德价值的标准。现在，如果上帝也许不存在，那么这种伦理道德价值观念就有可能是错的。但非常有意思的是，人类的这些伦理道德价值观念却几乎完好无损地延续下来。可能某个时期他所信奉的宗教的某些道德观点和伦理立场看来有错，他必须好好思量，但其中许多他都会遵奉不悖。

但是在我看来，我的那些持无神论观点的科学界的同事——不是指所有科学家，我不可能从他们的行为中判断出他们与持有神论观点的同事相比是否具有特别不同之处，因为我自己也身在其中 —— 如道德情感、他们对其他人的理解、他们的人性关怀等，既适用于有宗教信仰者也适用于无神论者。在我看来，伦理道德观点和宇宙运行的理论之间是相互独立的。

科学确实对与宗教有关的许多观念造成了冲击，但我不相信它会非常强烈地影响到人们的道德行为和伦理观念。宗教有许多方面。它回答了各种问题。不过我在此要强调的是如下三个方面。

第一个方面，是它告诉了我们万物是什么，它们来自何处，人是什么，上帝是什么以及上帝有什么特性等。就这里的讨论而言，我想将这些称之为宗教的形而上的方面。

接着宗教告诉我们如何做人。我这里不是指那种在宗教典礼或仪式上的行为规范等，而是指一般意义上做人的道德方式。我们可将它称为宗教的伦理方面。

最后，人是脆弱的。需要具有正确的良知才能确保产生正当的行为。尽管你知道你该怎么做，但你同样清楚地知道不可能随心所欲地做事。宗教强有力的一个方面正是它的灵感作用。宗教激励人行为端正。不仅如此，它还激发起艺术和人类许多其他方面活动的灵感。

现在，从宗教看来，宗教的这三个方面是非常紧密地相互联系的。首先，事情通常是这样的：上帝的话就是道德价值标准；其次，上帝的话将宗教的道德伦理和形而上的方面联系起来；最后，上帝的话会激发起灵感，因为如果你是在为上帝服务，服从上帝的旨意，你就会以某种方式通达宇宙，你的行为就会在更大的世界上显示出其意义，而这正是灵感的方面。因此，这三个方面是高度整体性的，是相互关联的。困难的是，科学偶尔会与前两个方面，即与宗教伦理与形而上学方面相冲突。

历史上的一次大斗争发生在这样一种时刻：人们发现，地球不仅绕自身轴旋转，而且还绕太阳旋转。按当时宗教的理解，这是不该如此的。经过激烈的斗争，结果宗教从地球是宇宙的中心这一立场上后撤。但这种后撤最终并没有造成宗教的道德观的改变。另一次大冲突是人们发现人可能是从动物进化来的。大多数宗教都已经从其不正确的形而上的立场上一而再、再而三地后撤。但结果却是其道德观并没有明显变化。你看到地球围绕太阳转，是的，但那又怎么样？它能告诉我们"有人打我一边脸时，把另一边给人家打"是好还是不好？[1] 这种与形而上方面联系在一起的冲突具有双重困难，因为它与很多事实相冲突。不仅是事实，而且在精神上也相冲突。譬如对于太阳是否绕地球转这个问题，宗教与科学之间不仅在确认这一事实方面存在分歧，而且在如何对待这一事实的精神和态度方面也大相径庭。要了解大自然，我们必须接受某种不确定性，但这种认识却很难与信仰上的确定感相联系，这种确定感通常与深深的宗教信仰息息相关。我不相信科学家能像笃信宗教的人士那样对他的信仰是那般的肯定，或许可以做到，我不知道。我认为这是困难的。但是不管怎么说，宗教的形而上方面似乎与其伦理价值观联系不大，同时，道德价值似乎是以某种方式独立于

43

---

1. 语出《圣经·马太福音》第5章第39节："不要与恶人作对。有人打你的右脸，连左脸也转过来由他打。"——译注

科学领域之外的。所有这些冲突似乎并没有影响到伦理价值方面。

我只是说，伦理价值位于科学领域之外。我要辩驳的是很多人并不这么认为。他们认为，我们应该以科学的方式得到一些关于道德价值的结论。

对于这一点我有几个理由。你看，如果你没有一个好的理由，你就必须准备好几个理由。这里我有四个理由认为，道德价值位于科学领域之外。首先，过去有过那么多冲突。形而上学立场的变化实际上并没有对道德观点产生明显影响。因此这一点暗示我们二者间必定是相互独立的。

44

第二，我已经指出，至少我认为有这么一些好人，他实践着基督教伦理但却并不信奉基督的神性。顺便说一句，前面我忘了交代，我这里所说的宗教是一种狭义上的所指。我知道这里有很多人所信奉的宗教并不属于西方宗教。但宗教的主题是如此广泛，因此你最好拿个具体的例子来考虑，你只需将我说的移植到你自己所属的宗教上，看看是不是这么回事，不论你是一个阿拉伯人还是一个佛教徒，或是属于别的什么教派。

第三个理由是，根据我所收集的科学证据，似乎没有任何地方对任何事情表示过圣经里的黄金法则是好还是不好。因此，关于道德价值是否独立于科学的问题，我没有任何建立在科学研究基础上的证据。

最后，我想做些哲学上的辩护 —— 尽管这个我不是很在行，但我还是想从哲学上进行一些论辩，从理论上解释一下为什么我认为科学和道德问题是彼此独立的。人类共同面临的问题，一个大问题，始终是"我该这么做吗？"这是一个有关如何行动的问题。"我该做什么？我该这么做吗？"我们怎么来回答这样的问题呢？我们可以将它分为两部分。我们可以问，"如果我这么做，会发生什么事？"这个问题并没有告诉我们我是否应该这么做。我们还有另一部分，即"那么，我希望这事发生吗？"换句话说，第一个问题——"如果我这么做，会发生什么事？"——至少是属于可进行科学调查来回答的问题，事实上，它就是一个典型的科学问题。这并不意味着我们知道会发生什么，远非如此。我们永远不知道接下来会发生什么事情。科学是非常初步的。但是，至少是在科学领域，我们有办法来处理它。这个办法就是"试一下，看看有什么结果"——我们谈到过这一点——并积累起有关的信息，等等。所以"如果我这么做，会发生什么事？"这种问题是典型的科学问题。但"我希望这事发生吗？"这样的问题则并非如此。譬如你说，如果我这样做，我会看到大家都被杀，当然我不希望出现这种情况。但是，你怎么知道你不希望有人被杀呢？你看，到最后你必须拿出一些最终的判断。

你可以采取不同的例子。例如，你可以说，"如果我遵循这种经济政策，我就会看到经济萧条，当然，我不希望出现萧条。"等一下，你看到了吧，仅仅知道会出现萧条并没有告诉你你希不希望它出现。这之后你必须判断，你是否想从中获得某种行使权力的快感，整个国家朝着这个方向发展的重要性是否抵得上给人民带来的苦难。或者，是否给一些人带来痛苦能够换回另一些人的痛苦的解脱。因此，沿着这条"什么是可宝贵的，人是否有价值，生命是否宝贵"等问题追问下去，你必然需要在某个地方形成最终的判断。你可以随着事情的进展将这种设问不断深入下去，但最终你必须决定"是啊，我要的就是这个"或

"不，我不要这个。"这种决断具有不同的性质。我看不出你如何能够仅通过知道会发生什么就判断出它是不是你最终想要的结果。因此我相信，用科学技术来决定道德问题是行不通的，这是两个相互独立的事情。

现在，我想谈谈宗教的第三个方面，即灵感方面。这个问题也是我想问问大家的核心问题，因为我没有答案。今天，在任何宗教里，灵感的来源、力量和给人慰藉的源泉均与形而上方面紧密相联。也就是说，灵感来自于为上帝工作，服从他的意志，等等。但是，以这种方式表达的情感，认为你正在从事正当工作的强烈的情绪体验，会因对上帝的存在表示哪怕一丁点怀疑而变弱。因此，当对上帝的信仰变得不确定时，这种获得灵感的特定方法就失效了。我不知道如何回答这个问题：既能够保持宗教作为大多数人的力量和勇气的源泉这一真正价值，同时又不必对宗教的形而上学体系保持绝对信仰。你可能认为，我们有可能为宗教创制一套形而上学体系，它能够以科学再也不会发现自身与宗教信仰相抵牾这样一种方式来陈述事情。但我不认为存在这种可能。我们不可能一方面在科学上采取冒险精神，向未知领域四处扩张；一方面却对问题事先给出答案，而且无论做什么，都不预料到某些答案早晚会被证明是错误的。因此，如果你要在形而上的方面保持绝对信仰，我认为不产生冲突是不可能的。同时我也不明白如何来保持宗教在灵感方面的真正价值，如果我们对它有些怀疑的话。这是一个很严肃的问题。

西方文明，在我看来，是建立在两大遗产基础之上的。一个是科学的冒险精神——一种进入未知领域的冒险，这一未知领域必须是为了探索而被认可的那种具有未知本质的未知领域，它要求宇宙中那些无法解答的谜题继续无法得到解答，它需要一种这一切都不确定的态度。

总之一句话：智力的谦卑。

　　另一个伟大遗产是基督教伦理 —— 建立在爱的基础上的行为，四海之内皆兄弟，个人的价值，精神的谦卑。这两大遗产从逻辑上讲是完全一致的。但逻辑并非一切。任何概念的贯彻需要人内心遵从一种观念。如果人们准备回归到宗教，那么他们准备回归的是什么宗教？现代教会能让怀疑上帝甚至不信上帝的人感到满意吗？现代教会能使这种怀疑的价值得到肯定和鼓励吗？到目前为止，我们不是一直都在通过这些逻辑上一致的各种文化遗产之间的相互攻击以维持这些貌似冲突的文化遗产于不坠，并汲取到力量和慰藉吗？这是不可避免之路吗？我们怎样才能找到支撑西方这两大文明支柱的灵感，使得它们能够充满活力地并肩而立，互不戒惧？这个，我不知道。但我认为，关于科学和宗教的关系的认识，我也只能做到这样了。宗教不仅过去是而且始终是道德戒律的源泉，同时也是激励人心遵循这一戒律的力量源泉。

　　今天我们看到，国与国之间的冲突一如既往，特别是苏俄[1]和美国这两大阵营之间的冲突尤为严重。我一直认为我们并不清楚双方的道德分歧点。不同的人对正确和错误有着不同的看法。如果我们对什么是正确，什么是错误的认识都不能确定，又如何在这场冲突中选择立场？冲突在哪里？对于资本主义经济体系和政府控制的经济体系之间的对立，哪一方是正确的就是那么明确和绝对重要吗？我们必须承认其中有着很大的不确定性。我们或许可以相当肯定地说，资本主义要比政府控制好，但我们不也有自己的政府管制？这部分占到52%，这就是企业所得税控制。

1.费曼用苏俄（Russia）指称当时的苏联，下同——译注

宗教和无神论之间存在着争论。前者通常由我们国家代表，后者假定由苏俄代表。两种观点——它们仅仅是两种视角而已——没法定夺孰好孰坏。这里有人的价值观或者说国家的价值观的问题，即如何处理危害国家罪的问题——不同的观点——我们只能是不确定的。我们是否有真正的冲突？有的可能只是专制政府表现出对民主混乱的某种进步以及民主混乱表现出的对专制政府的某种程度的进步。表面上不确定性意味着没有冲突。这多好。但我不相信这一点。我认为有冲突是肯定的。我认为苏俄就代表着这样一种危险，譬如说，认为解决人类问题的途径已经明了，人类的所有努力都应该服务于这个国家，而这就意味着不再有创新。人类就像部机器一样，不再容许发展其潜能，不再容许表现出惊奇，不再容许多元化，不再容许对困难的问题采取新的解决办法，不再容许新观点。

美国政府是在没人懂得如何建立政府或如何治理国家的观念下发展起来的。其结果是创造出一种制度，用来在大家都不知道怎么办时治理国家。这种制度安排是这样一种体制，就像我们现在的制度，它容许发展和尝试新的设想，不好就扔掉。美国宪法的起草者们懂得怀疑的价值。例如，在他们那个年代，科学已经得到充分发展，显示出存在各种不确定性的可能性及其潜在价值，显示出对各种可能性不设限定的价值。事实上，你不能确定一件事意味着不知哪一天它就有另外一种可能。容许存在各种可能性是一种机会。怀疑和讨论是进步不可或缺的条件。在这一点上，美国式的国家治理是全新的，是现代化的，是科学的，也是充满变数的。参议员们为筹建本州的大坝拉选票，让所有人感到兴奋的讨论和游说取代了让少数人代表自己的机会等。美国的政府管理不是很好，但它可能是当今不同于英国政府的最伟大的政府，是最令人满意的、最现代化的政府，虽然管理得不是很好。

苏俄是一个落后的国家。当然，它在技术上是先进的。我已经描述过我所谓的科学与技术之间的不同。不幸的是，人们并没有明显感觉到工程和技术的发展与不容许出现新观点之间存在什么不协调。我们看到，至少是在希特勒时代，尽管科学没有得到发展，但却制造出了火箭。苏俄也可以制造火箭。尽管知道这一点让人难过，但这却是事实：技术的发展，即科学的应用，可以在没有自由的条件下进行。我们之所以说苏俄落后，是因为它还不懂得政府的权力需要限制。英国人的伟大发现 —— 他们不是唯一想到这一点的人，但在近代史上，他们为此进行过长期斗争 —— 是有可能对政府权力设限。在苏俄是不存在对思想进行批评的自由的。你会说，"不对，他们也讨论反斯大林主义。"但那只是某种确定的形式，只在一定程度上存在。我们应该利用这个优势。我们为什么不也来讨论反斯大林主义呢？我们为什么不挑明同这位先生的所有纠葛呢？我们为什么不指出一个容忍这样的事情在体制内滋生的政府会带来什么样的危险性呢？我们为什么不指出，苏俄国内受到抨击的斯大林主义其实与苏俄国内目前盛行的做法之间真有异曲同工之妙？好了，好了……

现在，我很激动，看……这些不过是情绪化的表现。我不该这么做，我们应该做得更加科学。除非我能让你们相信，这是一场完全理性的、不带任何偏见的科学论战，否则我是说服不了你们的。

我对这些国家有过一些体验。我曾访问过波兰，发现有些事情挺有趣。自然，波兰人民是热爱自由的，如今他们正处于苏俄人的控制之下，没有出版自由。但在当时，大约一年前我在那儿的时候，他们可以想说什么就说什么，就是不能发表。因此，我们便在公共场所就各种问题的方方面面进行非常活跃的讨论。顺便指出，在波兰，最令人难忘的

51

事情是，他们受到德国蹂躏的创痛是如此之深、如此可怕和恐惧，以至于永远不可能忘记。因此，他们对所有外交事务的态度都带有对德国复兴的恐惧。我在那里的时候曾想到，这些可怕的罪行其实是部分自由国家所实施的政策的结果，这些国家曾一再容忍这种事情在波兰发展。因此他们接受了苏俄。他们向我解释，你看，苏俄人完全控制住了东德。纳粹没有办法在东德生存。而且毫无疑问，苏俄可以控制他们。因此，至少有该缓冲区。令我惊讶的是，他们并没有意识到，一个国家完全可以在不行使霸权、不驻扎军队的条件下保护另一个国家，并保证它不受侵略。

　　他们对我说的另一件事是，经常有人把我拉到一边，说我们惊讶地发现，如果波兰能够摆脱苏俄人，组成自己的政府，获得自由，他们迟早还是会变成现在这样。我说："你是什么意思？我觉得很奇怪。你的意思是你没有言论自由？""哦不，我们会拥有所有的自由。我们热爱自由，但我们也会有国有企业等。我们信奉社会主义思想。"我很惊讶，因为我不明白这样的问题。

好了……

　　每个人都很清楚，苏俄并不自由，这在科学上的后果是很明显的。最好的例子之一是李森科，他有一套遗传学理论，认为获得性特征可以遗传给后代。这可能是正确的。但绝大多数遗传影响无疑不是这样，它们是由种质传递的。确有一些实例，一些人们已知的例子表明，某种特性可以通过所谓细胞质遗传直接传递给下一代。但问题主要是，大部分遗传行为都不同于李森科认为的那样。因此他败坏了苏俄。伟大的孟德尔，就是发现了遗传规律、使遗传学走上科学道路的那位，已经谢世。但遗传学只在西方国家得到了继承，因为在苏俄不允许人们从事这类分析。他们不断地和我们进行讨论和争辩。结果很有趣。这件事中止了生物科学的发展，而在西方，生物学则是当今最活跃、最令人兴奋，也是发展最为迅速的科学。但在苏俄，则一无建树。与此同时，从经济的角度来看，你会认为这样的事简直就是不可能的。但无论怎么说，事实是由于不正确的遗传理论，苏俄的农业生物学落后了。他们没能正确发展出杂交玉米技术，也不知道如何培育品种更优良的马铃薯。过去他们是知道这些的。在李森科理论出笼之前，苏俄的马铃薯是世界上最大的。但今天他们再也没有这种优势了。他们只知道与西方辩解。

　　在物理学界，一度也有过这样的麻烦。最近，物理学家有了很大的自由，但还不是百分之百的自由。不同思想流派之间一直争论不休。一次，他们出席在波兰举行的一个会议，由波兰国际旅行社安排行程。自然，由于房间数量有限，他们只好安排几名苏俄人同住一室，由此铸成大错 ——这些人到了后就大吵："17年了我从没跟这个人交谈过，我不跟他同住一个房间。"

　　物理学也有两个流派。有好人也有坏人，而且泾渭分明，非常有趣。苏俄有过伟大的物理学家，但在西方物理学发展得更为迅猛，虽然苏俄的物理学曾显得欣欣向荣，但终究没能形成气候。

　　但这并不意味着技术没有发展，或者说它在某些方面落后了。我要表明的是，在这种国家里，创新思想难以得到发展。

　　你们想必对现代艺术的最近动态有所了解。我在波兰时，偏僻街道角落也有现代艺术画作的展示。在苏俄，现代艺术才刚刚开始。我不知道现代艺术有什么价值。我想你怎么理解都可以。但赫鲁晓夫先生看了这样一个地方，便认定，这幅画看起来好像是用公驴尾巴画的。我的评论是，他应该知道现代艺术的价值。

几千年过去了，未来前程远大，我们有各种机会，当然也有各种危险。人类要不想止步不前就不能停止思想。人类已经被阻滞了很长一段时间。我们不能容忍这一点。我希望未来的世代都能够享有充分的自由——怀疑的自由、发展的自由、继续冒险去发现做事新方法的自由、解决问题的自由。

56　　为什么我们抓住这个问题不放？因为我们才刚刚开始。我们有充足的时间来解决问题。我们唯一会犯的错误就是，在人类尚不成熟的早年，我们就认为我们知道答案。答案是现成的，没人能想到还有什么东西需要考虑。我们将变得封闭，将只局限于人类今天的想象。

我们不是那么聪明。我们很笨拙，很无知。我们必须维持一个开放的渠道。我相信受限的政府，我认为政府在很多方面都应受到限制。我现在所强调的只是知识。我不想同时谈论一切事情。让我们先考虑一小部分，考虑知识这件事。

57　　没有任何政府有权决定科学原理的真理性，政府也无权以任何方式对所调查问题的性质开出药方。政府无权决定艺术创作的审美价值，也不能为文学或艺术的表现形式设限。它不应宣称各种经济、历史、宗教或哲学学说的有效性。它的责任就是确保公民的自由，让公民敢于进一步冒险并促进人类的发展。谢谢你们。

第 3 章

这个不科学的年代

　　当我接到邀请来做约翰·丹茨讲座,而且听说会安排我做三次讲座时,我很高兴。因为我对这些问题考虑了很久,很希望有机会通过不是一次,而是三次演讲来慢慢地、仔细地梳理我的这些想法。我发现在前两讲中我已经逐步细致地完成了对这些想法的梳理。 ⁶¹

　　有条理的想法已经讲完了,但对这个世界我还有大量不成熟的想法,这些想法都还未能梳理成明确的、有条理的容易理解的形式。因此,既然我已经答应要做三个讲座,那么我唯一可以做的就是将这些未加梳理的不成熟的感觉和盘托出。

　　或许有一天,当我找到了所有这一切背后的真正的深层次原因,我就能够将它们组织成一个好懂的演讲而不是像现在这样。此外,如果你因为我是一名科学家,而且根据发的小册子,知道我赢得过一些奖项等,从而开始相信我以前说过的一些事情是正确的,而不是依据你对这些思想本身的看法来直接判断它们的话 —— 换句话说,你对权威怀有某种情结 —— 那么今晚我就要让你摆脱这一点。我将通过这场演讲来表明,像我这样的一个人会给出什么样的荒谬结论和罕见的陈述。因此我希望能够铲除你们心中已有的任何权威形象。 ⁶²

　　你看,周六的夜晚应该娱乐娱乐,就是说 …… 我想我现在找到恰当的感觉了,我们继续说下去。给讲座安个没人能信的题目总会产生好的效果。这样的演讲要么很特别,要么与你预料的正相反。而这正是我把这一讲的题目定为"这个不科学的年代"的原因。当然,如果你对科学的理解就是技术应用成果,那么毫无疑问,这是一个科学的年代。我们今天毫无疑问地拥有各种科学应用成果,它们既造成种种麻烦,也带来种种好处。因此在这个意义上说,它肯定是一个科学的年代。如果你将科学年代理解为科学迅猛发展和全速推进的年代，那这肯定是一个科学的年代。

在过去两百年里，科学的发展速度一直在不断加快，我们现在处于发展速度的高峰期。特别是在生物科学领域，我们正处在取得最惊人发现的当口。至于会是什么新发现，我也说不上来。自然，这令人兴奋，就像你翻开一块又一块石头后不断有新的发现那样令人兴奋。这种状态已经持续了数百年，而且还在不断地高涨。从这个意义上说，这肯定是科学的年代。科学家称其为英雄时代，但其他人体会不到这一点。或许将来某个时刻，当历史回过头来看看我们这个时代，它会发现，这是一个最跌宕起伏充满戏剧性的时代，我们从对世界知之不多转变为知之甚多。但是，如果你觉得科学时代就是在艺术、文学、人们对事物的态度和理解等方面科学发挥着巨大影响力的话，我不认为这是一个科学的年代。我们不妨回头看看，譬如说，以古希腊人的英雄时代为例，那时有歌颂战争英雄的诗篇。再譬如中世纪宗教主导时期，艺术创作与宗教紧密相连，人们对生命的态度也与宗教观点紧密相连。那的确是一个宗教时代。从这个角度来看，当今还谈不上是一个科学时代。

其实，存在不科学的东西并不让我感到伤心。这个词没用错。我的意思是，我不担心存在不科学的事情。有些事不科学并非是坏事，也没啥了不起，不过是不科学而已。当然，所谓科学我是指那些可以试错的事情而言。例如，若当今的年轻人反复地呼喊说看到紫色的食人怪物的事，这显然荒诞不经。但如果我们还属于旧时相信有扁平脚怪物的一族的话，这就没啥了不起了。母亲对儿子唱起"来，约瑟芬，在我的飞行机器"听起来如现代"我想要带你乘慢船到中国"。因此，在生活

中，在欢乐中，在情感世界里，在人们嬉戏追逐活动中，以及在文学等 64
领域，不需要讲求科学，也没理由讲求科学。我们需要的是放松和享受
生活。这不是批评的时候，批评也不是问题的关键。

但是，如果你停下来想想，你会发现有很多琐碎的事情谈不上科
学，也没必要扯上科学。举例来说，前排还有很多空位，但有些人就是
愿意（站在后面）。

有一次我在跟一个班的学生交谈时，有同学问我一个问题，大概
是，"你有没有这样的经验，就是你在从事科学工作时，感到这些信息
对其他工作可能也有用？"

（顺便说一句，我在最后会说到，当今世界在多大程度上是明智
的、理性的和科学的。这是很大的一块。所以，我先说不好的一面，这
更有趣，然后我们再在最后予以弱化。我觉得在谈论我认为不科学的
那些事情的时候，这是一个很好的组织演讲内容的方法。）

因此，我想先来谈谈判断一个想法时的一些小技巧。我们的优势
在于最终可以将这个想法付诸科学实验，这在其他领域或许就做不到。
但尽管如此，这里判断事物的某些方法和经验无疑可以在其他领域发
挥作用。所以，我从举的几个例子开始谈起。

第一个要谈的是，一个人是否清楚他在说什么，他说的究竟有没
有根据。我的诀窍非常简单：如果你问他一些需要动脑子想一想的问 65
题 —— 也就是那些尖锐、有趣、坦诚、直率、与问题直接相关且不带
陷阱的问题 —— 然后看他是否很快会卡壳。这就像小孩子问那些天真

的问题。如果你问一个幼稚但相关的问题，那么这个人几乎不可能立即做出回答，如果他是个诚实的人的话。明白这一点很重要。我可以举个例子来说明这个世界不科学的一面，如果我们做得科学一点的话，这方面原本可以做得很好。这个例子与政治有关。假设两位政治家竞选总统，其中一位经过一个农场，被问道："对于农业问题你有什么打算？"他马上给出答案——言辞卓卓，侃侃而谈。现在轮到另一位候选人："对于农业问题你有什么打算？""嗯，这我不知道。我当过将军，但对农业可以说一无所知。在我看来，农业问题想必是个非常困难的问题，因为人们已经为此奋斗了十二年，不，十五年，甚至二十年，人们总认为他们知道如何解决农业问题。由此可见，这一定是个很难解决的问题。所以我打算这样来解决农业问题，就是组织起一批懂农业的人，分析此前我们为解决这个问题而取得的所有经验，花上一定时间，找出合理的解决方案。但现在我不能事先告诉你结论是什么，我只能给你一些我会尝试使用的原则——决不让每户农民的生活变得困难，如果遇到具体问题，我们一定想出具体办法来照顾他们……"

如今，在这个国家里，这样的人永远不会取得成功，我想。当然也从没人这么试过。在大众的心目中，政治家必须有答案，而且能给出答案的一定比给不出答案的更值得期待，尽管在大多数情况下，实际情况往往恰恰相反。由此带来的结果当然是政治家必须给出答案，而政治承诺从来不会兑现。这是一个无情的事实，不存在兑现的可能——结果是没有人相信竞选承诺，人们普遍鄙视政治，对尝试解决问题的人普遍缺乏尊重，等等。这都是（也许——这里只是简单的分析）从一开始就注定的结果。也许一切都源于这样一个事实：公众的心态就是要寻找答案而不是寻找一个设法给出答案的人。

现在我们来看看科学的另一个方面——对每个一般性概念，我只给出一两个例子来说明——就是如何处理不确定性。关于不确定性的概念，我们可以举出一大堆笑话。我想提醒你，你可以确信很多事情，即使你不是十分有把握，你大可不必凡事都小心求证后再行实施，事实上也完全做不到不偏不倚。有人对我说："喂，你都不清楚还怎么教孩子分辨什么是正确，什么是错误的？"那是因为我有把握肯定何谓对错。我不是绝对肯定，有些经验可能会改变我的想法。但我知道我教给他们的是什么。当然，孩子也不会完全按照你教给他的来学习。

67

我想谈点技术性较强的想法，以后你会看到，这是我们在处理不确定性的问题时必须搞懂的。一件事情是如何从几乎肯定是假的过渡到几乎肯定是真的呢？在这里经验是怎样发生变化的呢？你如何依据经验来处理这种确定性的变化呢？技术上确实比较复杂，但我会给出一个相当简单的理想化的例子。

我们假定有两种理论来判断某事的发生，姑且称为"理论A"和"理论B"。于是问题变得复杂了。在你进行观察之前，出于这样或那样的理由，譬如你的过去经验、其他人的观察结果或直觉等，总之你对理论A的确信程度要高于理论B。现在假设要判断的是你观察一项测试的结果。根据理论A，应该什么变化都没有。但根据理论B，结果应该呈蓝色。而你的观察结果是变得有点绿。于是你检视理论A，说"这根本不可能呀。"再转向理论B，你有点明白了，"嗯，应该呈蓝色，但带有绿色也不是不可能的。"于是，观察的结果是理论A的可信度下降，理论B的可信度上升。如果你继续进行更多的测试，那么理论B的可信度就会越来越高。顺便说一句，这里说的更多的测试不是简单的重复测试。无论你做多少次简单的重复测试，绿色的结果都不会给你带来

68

确定性的提高。但如果你发现，鉴别理论 A 和理论 B 的很多其他方面的测试都反映出二者的不同，那么通过这些结果的积累，理论 B 的可信度就大大增加了。

　　举个例子。假设我在拉斯维加斯遇到一个相术家，他能够洞悉对方的心思。或者说，他自称不是相术家，但是具有心灵传动的能力，就是说他可以纯粹通过思维力量来影响事物的行为。这家伙走过来对我说："我来做给你看。我们站到轮盘赌那边去，我会事先告诉你每次开的是红的还是黑的。"

　　在这之前我认为，譬如说，你选什么号码没任何区别。根据这么多年从事自然科学和物理学研究的经验，我不相信有什么心动术。试想，如果我相信那个人是由原子制成的，如果我知道原子间相互作用的一切——绝大多数——规律，那么我是看不出心灵有什么办法能直接影响到轮盘上的小球的行为。因此，从其他经验和一般知识出发，我强烈反对心灵相术。它们成功的概率不会超过百万分之一。

　　现在我们开始。相术家说轮盘这次会开黑色。开出果然是黑色的。相术家说这次将是红色。结果确实是红色。你现在相不相信相术了？不信，这只是碰巧了。那就继续。相术家说这次是黑色的。结果是黑色的；相术家说这次是红色的。一开，确实是红色。开始冒汗！我要琢磨琢磨，学到点东西了。接着开盘下去，假设我们开了 10 次。而连续 10 次都猜对也不是不可能，只是概率只有千分之一。因此，现在我可以断定，这个相术家真具有这种能力的概率是千分之一，而此前只有百万分之一。但如果我再来 10 次，他还是全对，你看，他是能够让我相信的，尽管不是百分之百。但就这点不确定性就足以使我们想到会不会

还有其他原因。我们总可以找到一种替代理论来解释，我本该在前面
有所提及这一点。譬如当我们走到轮盘桌前，我在心里就可能会想到，
这个所谓的相术家与赌场之间存在着串通的可能性。这是可能的。起
初这家伙看起来并不像与火烈鸟俱乐部有过什么勾结，因此我怀疑他
作弊的可能性为百分之一。但之后，他连续10次成功，而我对心灵感
应的成见又是如此严重，因此我得出结论：这里一定有勾结，可能性上
升到 10 比 1。我的意思是说，是勾结而不是意外使可能性变为 10 比 1，
而不存在勾结的可能性则仅为万分之一。对于我这么有成见，又声称   70
他有勾结，他该怎么证明他的相术确实有效？有办法，我们可以换一家
俱乐部再做其他测试。

　　我们可以做其他测试。我可以买来骰子，单独开个房间进行测试。
我们可以持续不断地开盘来摆脱所有其他可能的解释。但他在轮盘前
就是站到永远也无济于事。他可以总是猜对，但我的结论就是这里一
定有串通。怎么办？

　　他仍然有机会通过做其他事情来证明他的相术是真的。譬如我们
去另一家赌场，他能猜对；那就再换另一家，还是能猜对；我买来骰
子，仍屡试不爽；我带他回家，自己做个轮盘，结果还是一样。我该怎
么下结论？我得承认，他的相术确实有效。可能还真是那么回事，当然
也不是完全确定，只是确信的概率大增。有了这些经验之后，我有一定
的把握说他的相术是真的。但也可能随着新经验的增长，我或许会发
现，有办法通过别人很难注意到的嘴角吹气来影响结果，等等。如果我
真的有此发现，那么这个确信的概率就又要大打折扣了，因此不确定
性是永远存在的。但在很长的一段时间里，通过一系列测试，我们有可
能得出确实存在心灵感应的结论。如果是这样，我会非常兴奋，因为以

前我确实没想到有这等事情。我学到了以前不知道的东西，而且作为一个物理学家，我会将它作为一种自然现象来研究。譬如看看是否与他到开盘用的球之间的距离有关？如果在这之间插若干块玻璃或纸板或其他材料会怎么样？这种方法对所有这些事情一直都是很有效的。磁是什么，电是什么，就是这么搞清楚的。什么是心灵感应当然也能够通过这类充分的实验来分析清楚。

无论如何，我们总可以找到如何对付不确定性、如何科学地看问题的例子。即使你对相术心存一百个不信，也不意味着你就能够永远不信会有真正的相术家。能够使你永远不信会有真正的相术家的唯一途径只能是下面二者之一：要么是你只能做有限次数的实验，他不让你无休止地做下去；要么是你打一开始就心存无限偏见，认为它就是绝对不可能的。

现在我们来谈检验真理的另一个方面。可以这么说，这种情形不仅在科学上有效，而且某种程度上说在其他领域也有效。那就是，如果事情是真的，确实如此，那么如果你继续观察并且改进观察效果，事情就会暴露得更为明显，而不是更不明显。也就是说，如果那里真有东西，而你因为隔着有雾的玻璃看不清，那你擦干净玻璃再看，就会看得更清晰而不是更模糊。

举一个例子。我印象中是弗吉尼亚州的一个什么地方的一名教授，曾在多年里就心灵感应问题做了大量实验，心灵感应与意念控物属于同类现象。在他的早期实验里，用的是一套印有不同设计图案的牌（你可能熟悉这些，当时这种牌哪儿都有卖的，人们常玩），实验内容是，在其他人能够看到牌并想着这张牌的情形下你来猜测他看到的牌的图案是圆形还是三角形还是其他什么。你可以坐着，但看不到牌，只有他能看到牌并想着这张牌，你只能猜他想的是什么。在研究开始之初，他发现这种感应非常显著。有人能猜对10至15张牌，而平均来看猜对的应只有5张。更有甚者，有人居然能够接近百分之百地猜对所有牌。真是优异的相术家。

不少人就此提出了批评。例如，人们指出他没将所有没有奏效的样本统计在内。他只取那些为数不多的奏效的样本，然后就不再做统计了。此外还有大量的明显线索表明，看图者和猜图者之间存在着有意无意的信号传递。

人们对采用的技术和统计方法进行了各种批评。逼得实验技术有了改进。结果是，虽然理论上猜对的平均值应为5张牌，但大量实验结果的均值却是6.5张，但再也没出现猜对10张、15张甚至25张的事情。因此，这一现象说明第一轮实验是不正确的。第二轮实验证明第一轮实验中观察到的现象是不存在的。但现在均值为6.5而不是理论上的5这一事实却为存在心灵感应带来了一种新的可能性，只是强度水平要低得多。这是一个不同的概念，因为，如果此前的事情是真的，那么在改进了实验方法后，这种现象就应继续存在，也就是说，仍能猜对15张牌。为什么会降到6.5张了呢？答案只能是技术改进了。现在的问题是，6.5仍然要比理论上的统计平均略高一点，怎么解释？这时人们的非难会变得更为细致，他们注意到其他一些不起眼的效应，这些都可能影响到结果。根据该实验教授的说法，在测试过程中，人会感到疲倦。有证据显示，这时受试者猜对的概率平均而言会略有降低。但如果你剔除掉那些猜中率较低的个案，那么统计规律就不准了，统计均值变得略高于5，等等。因此，如果该受试者确实是疲倦了，那么最后两三组数据就应剔除掉。事情就这样不断地改进。结果显示心理感应效应仍然存在，但现在均值已降到5.1，因此，所有的实验表明6.5也是虚假的。现在问题是5会怎样……我们可以永远这么追问下去，但关键是，实验总是有误差的，这些误差的来源很微妙，不可能穷尽。但我不相信这一实验研究证明了存在心灵感应的原因是，随着技术的改进，这种效应不是变强而是变弱。总之，每一次后续实验都驳倒了前面实验的所有结果。如果记住这一点，那么你就领悟到了事情的原委了。

当然，人们一直对心灵感应之类的事情抱有很深的成见，因为它们源自于19世纪的各种招魂术、骗术等勾当。成见使得要证明一件事情变得更难，但是如果事情真的存在，那么它迟早总是会显露出来。

令人感兴趣的一个例子是催眠现象。人们接受确实存在催眠术这一事实曾经历了相当长的时间。催眠术的使用始于梅斯梅尔先生，他让患有歇斯底里病症的病人坐在一个连着很多管子的浴缸边，病人扶着管子，慢慢就会平复下来。这一现象里就有部分是属于催眠现象，只是这之前人们从没有认识到。从这个开端你可以想象要让人们对足够充分的实验给予足够的重视是多么艰难。幸运的是，催眠现象已经被提炼出来并得到无可置疑的证明，尽管它的开端是如此怪异。因此，使人们抱有成见的起因不是事情有一个怪异的开始，而是他们打一开始就有偏见。但经过调查之后，你是会改变态度的。

另一个原则是，我们所描述的效应必须具有一定程度的恒常性或某种不变性，就是说，如果一种现象很难用实验来观察，但如果它可以从许多方面来看出，那么它必定在某些方面是大致相同的。

我们以遇到飞碟为例。描述这一事件的困难在于，几乎每个看到过飞碟的人看到的都是不同的东西，除非他们在此之前被告知他们有可能看到的是什么。因此，在飞碟观测的历史中，所谓飞碟从橙色光球、地板弹起的蓝色球状物、消失的灰雾、游丝般流入空气的热蒸汽、罐头盒，到具有类似人形的古怪形状的短粗物体等，应有尽有，不一而足。

如果你对大自然的复杂性和地球上生命的进化有一点鉴赏力，你就能理解生命具有极其繁多的各种可能形式。有人说生命离不开空气，但水下不乏生命形态。事实上，生命就始于大海。你能够四处走动并有神经系统。植物则没有神经。对生命的多样性只要想上几分钟，你就会明白，所谓飞碟不可能像人们形容的那样。非常不可能的。飞碟根本不可能这么巧正好在这个特定的时代无声无息地到来。它为什么不早点来呢？我们刚刚懂点科学，知道了可以从一个地方旅行到另一个地方，飞碟就来了。

76

有许多性质十分可疑的论据认为，飞碟来自金星——事实上，这种看法相当可疑。这么多疑问意味着需要做很多精确实验才能——加以验证，但观察到的现象的各种特征之间缺乏一致性和恒常性则意味着它很可能根本就不存在。除非问题暴露得较为清楚，否则就不值得去关注。

我曾经与很多人争论过飞碟的事情。（顺便指出，我必须解释的是，我是一个科学家并不意味着我不与普通人接触。我知道他们的喜好。我喜欢去拉斯维加斯，也喜欢和漂亮女孩交谈，也喜欢打赌等。我的生活同样有声有色，所以我了解普通百姓。）譬如你知道，我就在海滩上与人们争论过飞碟。我感兴趣的是：他们老是争辩说这是可能的。这么说没错，是可能的。但他们不明白，问题不在于证明是否存在这种可能性，而在于是不是将要发生。在于它是否就要出现，而不是它是否可能出现。

这就引出了我对各种概念的第四种态度，就是说，这个问题不是那种是否存在可能性的问题。那不是问题。问题是出现的可能会是什么，发生的到底是什么。你一次又一次地证明不能否定这有可能是飞碟，那没用。我们必须提前猜到我们是否有必要担心火星人入侵。我们必须作出判断，它到底是不是一个正在飞行的飞碟，这种想法是不是合理，到底有多大可能。这些判断我们通常更多的是基于经验，而不是只看它有没有可能，因为普通人无法充分了解事情发生的可能性具体有多大。因此他们不清楚很多理论上可能的事情实际上都不可能发生。因此说每一件仅存在理论可能性的事情都将发生这是不可能的。这二者之间简直异如霄壤，所以你觉得有可能的大多数事情其实是不真实的。事实上，这是物理学理论的一个一般原则：无论你想的是什么，十有八九都是错的。因此在物理学史上，称得上正确的理论也就五到十个，我们想要的也就这些。但这并不意味着所有事情都是错的。有错我们总会发现。

为了找个例子来说明什么是将仅仅存在可能性的事情误判为现实中就将发生的事情，我们不妨以圣母西顿的宣福礼[1]为例。这是一位圣洁的女人，她为很多人做了很多好事。这一点毫无疑问——请原谅，

---

1. Beatification, 宣福礼。罗马天主教里教皇昭告死者已得到真福的宣言式。此为死者获得封圣地位的第一步，自此便可开始接受信众的朝拜。——译注

应当说少有疑问。教皇已昭告天下：她彰显了美德的伟业。在天主教里，到此阶段即确定为圣母，接下来的问题是要考虑奇迹。因此下一个问题就是确定她是否能创造奇迹。

有一个女孩得了急性白血病，医生们不知道如何来医治她的病。家里人病急乱投医，试了各种办法 —— 不同的药物，各种能想到的措施。其中就有这样一种办法：将一条与圣母西顿的遗骨接触过的丝带别在女孩的床单上，并且安排了几百人为她的康复祈祷。结果 —— 不，不能说是结果 —— 然后她的病体略有起色。

一个特别法庭被安排来调查此事。很正规的，非常小心，也非常科学。其实凡事就该这么处理。每一个问题都要问得非常仔细，问的每一件事情都要非常谨慎地记在本子里。结果记录厚达1000页，翻译成意大利文后，编辑造册，用特殊的绳子捆好，然后被送往梵蒂冈。特别法庭问参与医治的医生，他们觉得病情如何。医生们一致认为，以前没见过这种情形，这个病例完全不同寻常，以前从没有过得了这种类型白血病的人能够抵抗病魔这么久。结束。诚然，我们不知道发生了什么。没有人知道发生了什么。这有可能是个奇迹。但问题不在于是否有可能出现这个奇迹，而是是否真的出现了这个奇迹，特别法庭的问题正是要确定是否真的出现了这个奇迹，要确定圣母西顿是否真的对此有影响。噢，他们做到了，在罗马做到的。我不知道他们是怎么做到的，但这恰恰就是问题的核心所在。

79

问题是疗效与向圣母西顿的祈祷过程之间是否存在关系。要回答这个问题，就必须收集所有有利于说明向圣母西顿祈祷在不同病人、不同病程中作用的病例。然后，他们还必须将这些祈祷有明显疗效的案例与没有祈祷的普通人的平均治愈率进行比较，等等。这是一种诚实的、直截了当的调查方式，其中不掺杂任何不诚实和亵渎的成分，因为如果它是一个奇迹，它就靠得住；如果它不是奇迹，科学方法就将摧毁它。

学医并尝试给人治病的人对能够找到的每一种方法都感兴趣。他们发展了临床技术（所有这些技术问题都是非常难的），并试着进行各种药物治疗方法。于是这女孩的病情出现了好转。她在病情好转前还出了水痘。这有什么关系吗？这可以有确定的临床方法——通过比较等——来检验，到底是什么在起作用。问题不在于确定到底发生了什么令人惊讶的事情，而是要真正利用好这件事，确定下一步要做什么，因为如果事实证明病情好转确实与圣母西顿祈祷者的行为有关，那就将值得圣母西顿的尸骨发掘出来（实际也是这么做的），将骨头收集好，拿许多丝带去接触，然后把丝带别在其他病床上。

现在我想谈谈另一个原则或概念，那就是在一件事情已经发生后再来考虑其发生的概率或是否偶然没有任何意义。很多科学家甚至不明白这一点。其实，我第一次与人争论这一点时我还只是个普林斯顿大学的研究生。当时心理学系有个家伙正在做小鼠比赛实验。我的意思是他有一个 T 形迷宫样的东西，让小鼠在里面走，它们或转向右，或转向左，等等。心理学家在这些测试中的一般原则是，通过安排使事情偶然发生的概率变得很小，实际上不到 1/20。这意味着，他们的法则出错的可能性只有 1/20。但计算小鼠是向右还是向左的概率的统计方法就像计算掷硬币出现正面或反面的可能性一样，很容易搞清楚。这位老兄设计了一个实验，想要证明什么我已经不记得了，大概是看小鼠是否会总向右转，譬如说。确切的我的确不记得了。反正他得做大量测试，否则的话它们跑向右就可能是偶然的，因此要使得出错概率小于1/20，就必须多次做实验。这种实验是很难做的，但他做到了足够多次。结果他发现这样做实验得不到确定的结果。小鼠忽而向右，忽而向左，毫无规律。但他注意到，小鼠的跑向有着明显的交替性，开始向右，然后向左，接着再向右，然后再转向左。后来他来找我，说："帮我计算一下出现交替的概率，看看它是否小于1/20。"我说："大概是小于1/20吧，但它没意义。"他问："为什么？"我说："因为事后计算本身就没有任何意义。你看，你觉得奇怪，所以就选择了这种怪事来考虑。"

再譬如，今天晚上我就碰上了件出格的事儿。在来这里的路上，我看到一辆车牌为 ANZ 912 的车子。请帮我算算在华盛顿州的所有车牌中我碰巧看到 ANZ 912 的概率。显然这是个荒谬的事情。那么同样，这个心理系的实验者必须这么做：小鼠向两个方向轮流跑这一事实暗示存在向两个方向轮流跑的可能性。如果他想检验这个假设，看看是否超过1/20，他不能用原先的数据来进行，而是必须另外设计一套实验，看看是否存在交替性。他这么做了，结果证明这个假设是错的。

许多人喜欢听信道听途说得来的东西，而且这些东西往往只是个孤例而不是经常发生的事情。人们容易记下碰巧发生的各种事情并受其影响，而且还会举证说，这个你怎么解释。我记得在我生活中也遇到过这样的事情。我来举两个最明显的例子。

82

第一个是我在麻省理工学院读书时的事情。当时我正在学生会的楼上写一篇哲学方面的论文。我全神贯注，除了论文主题脑子里没有其他任何事情。突然，很神秘地，我心头掠过一种思绪：我祖母去世了。当然，我现在这么说有点夸张，就像你在谈论这类事情时那样。这种感觉或有或无地持续了近一分钟，但不是很强烈，我夸张了点。重要的是，紧接着楼下的电话就响了。这一点我记得很清楚，因为有人接了电话，招呼道："嗨，彼得，电话！"我不叫彼得，显然是在叫别人。我祖母活得好好的，什么事都没有。我们所要做的就是注意积累大量的这类事情，以对付那些很少出现的不测事件。怪事是会发生的，不是不可能的。但从此以后我就该相信这种奇迹？相信我可以从脑海里的某种思绪感知到祖母是否病了？这类轶事的另一个特点是事发时的所有情况都没法描述。对此我来谈谈另一个例子，尽管有些伤感。

我在十三四岁时遇到过一个女孩，我很爱她，十三年后我们结婚了。但她不是我现在的妻子，一会儿你就会明白。当时她患有肺结核，实际上，她生这病已经有几年了。当我得知她得了肺结核时，我送给了她一只闹钟，是那种大数字翻动的钟，不是带指针的那种。她很喜欢这个钟。生病的那天我把它给了她。她一直将它放在床头有五六年，她的病情越来越重，最后过世了。死亡时间是在晚上 9 时 22 分。那天晚上钟也停在了 9 时 22 分，以后再也没动过。有幸的是我注意到一些细节，我得告诉你。这只钟走了五年后逐渐慢了下来。每隔一段时间，我就得修一修它，因此轮摆变松了。其次，护士要在死亡证明书上写上死亡时间，但因为房间里光线太暗，她就把钟翻过来，凑近了看上面的数字，然后又把它放下。如果我没有注意到这些细节，我想就会又遇到一些麻烦。因此在谈论这些掌故时我们必须非常小心，要记清楚所有情况，甚至正是那些你没有注意到的事情恰恰可能是解开谜团的关键。

所以，简而言之，你不能因为一件事情发生了一两次就认为它的出现是必然的。一切都必须经过非常小心的检核。否则你就会变成什

么疯狂行径都相信但却不了解自己周围世界的人。没人能对所处的世   84
界完全了解，只是有些人比其他人了解得更多一些。

　　技术上还有一个方面要说说，那就是统计样本。在我说他们试图
安排实验以便得到1/20的概率时，我指的就是这个概念。统计抽样这
个主题的数学性比较强，我不想深入到具体细节，但总的概念是很清
楚的。如果你想知道有多少人身高超过1.8米，于是就随便挑选一些人
来量他们的身高，你看到也许有40个人的身高超过1.8米，因此就认
为可能每个人都如此。这听上去是不是很愚蠢？其实这是也不是。如果
你按能否通过一个低矮的门来选出100个人，那你肯定错了。如果你
从你的朋友里挑选100个人，你还是错了，因为他们都来自这个国家
的同一个地方。但如果你挑选的方式与人的身高没有任何关系，而且
从这100里面找到了40个身高超过1.8米的人，那么就有把握推断
说在1亿个人中有4000万个身高超过1.8米的人。到底要多少个样本
才合适是可以精确搞定的。实际上，可以证明，精确度要达到百分之
一，你必须有10000个样本。人们没有认识到要达到这个精度是多么
困难。为了要达到百分之一或百分之二的精度，你需要至少做10000
次尝试。

　　想判断电视上做广告的效果如何的人用的就是这种方法。不，应
该说他们认为他们用的是这种方法。这是一件非常困难的事情，其中   85
最困难的就是样本的选取。他们是如何安排才会有一个普通人愿意将
一种小装置放进自己家里，通过它，他们能够记录下所看的电视节目，
或者什么样的人才称得上是这样的普通人，他愿意有偿为他们写日志，
他在日志中写的每15分钟就能听到这个广告的准确性到底如何，我们
都不得而知。因此，我们无法通过这一千个或一万个人的统计样本的

行为就推断说一般人是看了还是没看这个广告，因为毫无疑问，样本是有偏差的。这种统计做法是众所周知的，而且都知道选取一个好的样本是一件非常重要的事情，这是一项科学作业。除非你不做统计。所有的统计研究者都认为，世人都很笨，告诉他们什么事情的唯一方法就是不断侮辱他们的智商。这一结论可能是对的。另一方面也可能是错的。如果它是错的，那我们可就犯大错了。因此，要真正弄清楚怎么来检测人们是否注意不同类型的广告，还是个需要相当尽心的事情。

正如我前面所说，我认识很多人，普通人。我认为他们的智商受到了侮辱。我的意思是在各方面都存在这种情形。你打开收音机，如果你有点个性，非疯了不可。但人们有办法——我还没有学会——就是不听它。我还不知道怎样做到这一点。因此，为了准备这次演讲，我就在家里打开收音机听了三分钟，结果听到了两件事。

首先，打开收音机，我听到的是印第安音乐，新墨西哥州纳瓦霍斯印第安人的音乐。我懂一点这种音乐，以前在盖洛普就听过它，我很高兴。我就不模仿那种战争般的反复轮唱了，虽然我很想这样做。这对我很有诱惑力。这种音乐非常有意思，浸透了他们的宗教精神，深受他们的尊重。因此，我要实话实说，很高兴能在电台里听到这么有趣的东西。这是文化。我们必须老实承认。我敢说，如果你听上三分钟，你一定会觉得它的确不错。所以我一直在听。我要承认我编了一点点。我一直在听，因为我喜欢它，这多好。突然，音乐停下来了。接着一个男声说："我们正在与交通事故作斗争。"然后他接着说你要小心别被汽车撞着。这不算是对智慧的侮辱，而是对纳瓦霍印第安人的侮辱，是对他们的宗教和他们的思想的侮辱。所以，我接着听下去，直到我听到开始叫卖某种类型的饮料，好像是百事可乐吧，说这是认为自己年轻的人喝的饮料。于是我说，得了，就到这儿吧。我想了一会儿，觉得这事儿整个像一个疯子。什么叫认为自己年轻的人？我想是指那些喜欢做年轻人喜欢做的事情的人吧。有人喜欢这样没什么不好。那么这就是为这类人准备的饮料。我猜想，饮料公司研究部的人在决定该兑多少柠檬汁的时候一定会这样说："嗯，我们过去生产的都只是普通饮料，我们必须重新设计配方，不针对普通老百姓，而是专为特想保持年轻的人提供的。多放些糖。"一种专供想保持年轻的人喝的饮料，整个儿设想简直荒谬绝顶。

因此，按照这个结果，我们总是受到侮辱，我们的智商总是被侮辱。我有个战胜它的点子。为对付它人们采取了各种计划，你知道，联邦贸易委员会也一直在努力整顿这类事情。我倒有一个简单的设想。假设你将大西雅图的26个大广告牌全包下来租它一个月，这其中有18块还带照明。你在广告牌上刷上标语："你有没有感到智商受到了侮辱？不买这种商品！"然后你在电视或广播电台也买下几个时段。在中间插播广告时有个男声说："对不起，打断一下，如果你发现哪种广告在侮辱你的智商，或以任何方式扰乱你，我们建议你不要购买该产品。"事情很快就会得到解决。谢谢各位。

如果有人想烧钱，我建议他们不妨做个实验，看看普通电视观众的智商到底有多高。这是个有趣的问题，是了解自己智商的一条捷径。尽管有点昂贵。

你也许会说，"这并不十分重要。广告商总得卖东西吧？"等等。但从另一个角度看，认为老百姓没头脑是个非常危险的想法。即使真是这样，也不该用现有的处理方式来处理。

报纸记者和评论员 —— 有一大批这样的人，他们认为公众比他们笨，他们这些记者和评论员理解不了的事情公众也一定搞不懂。这是何等的荒谬！我不想说他们比一般人笨，但他们在某些方面确实比其他一些人要笨。如果我要向记者解释一些科学上的东西，而他问"这个概念是什么意思？"那我就会用简单的词汇向他解释，就像我解释给邻居听那样。他不明白，这是可能的，因为他的成长环境不同 —— 他没修过洗衣机，也不知道什么是电机，等等。换句话说，他没有技术经验。而这世界上有大量的工程师，有许多在机械方面很有天赋的人，有很多人在科学方面要比记者聪明。因此，既然他的职责就是报道事情，那么不论他理解与否，他都应该按照采访对象告诉他的那样准确地报道出来。对于经济学和其他领域的报道也一样。记者大都认同这样一个事实：尽管他们不太熟悉国际贸易方面的复杂业务，但他们基本上能够按照采访对象所说的意思进行较为准确的报道。但一旦涉及科学问题，出于这样或那样的原因，他们会拍拍我的头，向愚钝的我解释道，老百姓脑子慢，很难明白你说的这些，因为他自己，笨脑瓜一个，无法理解这些东西。但是我知道有些人是能够理解这些东西的。不是每个看报的人都必须读懂报纸上的每一篇文章。有些人对科学不感兴趣，但有些人感兴趣。至少他们能搞懂那是怎么回事，而不是发现重达7吨的机器弄出了一种原子子弹。我读不下去这样的文章。我不知道它说的是什么意思。我不知道重达7吨的是一种什么样的机器。现在基本粒子多达62种，我想知道这种原子子弹是用哪种粒子制造的。

这种统计抽样的做法，以及用这种方法来确定人的属性的做法的确有非常严重的问题。这种方法应得到充分利用，但对它的使用必须非常非常的小心。它可以用于人事上（通过考试）选拔人才，也可以用于婚姻咨询，凡此等等。但它被用来决定人们是否能够上大学，我就不赞成，关于这方面的论辩我就不在这里展开了。有谁决定上加州理工学院，可以来找我讨论这些问题。在我给出这些论据之后，有机会我会 90 回来告诉你们有关的结果。但是大学录取工作除了有抽样方面的困难外，还有其他方面的严重问题。现在有一种趋势，就是只用可以定量衡量的数据作为取舍依据。就是说，人的精神，他感知事物的方式，很难得到衡量。有种倾向是通过面试来设法矫正单纯考试带来的偏差。这当然很好，但多考几次要更容易些，因此人们不愿意把时间浪费在面试上，结果是只有那些可以定量衡量的东西，其实是他们认为他们可以定量衡量的东西，才会被考虑，很多好东西则被排斥在外，很多人才就这样被错过了。所以这种事情做起来是有风险的，必须经过非常仔细的检查。像经常出现在杂志上的有关婚姻问题的测试，"你和你丈夫相处得怎样？"等等，都是无稽之谈。那上面通常会说："这项测试已经有一千对夫妇做过。"然后你会被告知人家是如何回答的，你再对比你是如何回答的，就可以知道你的婚姻是不是幸福美满。做这种问卷调查，你要做的是下列这些事情。你整理出一堆问题，诸如："你让他在床上吃早餐吗？"等等，然后将这问卷发给1000对夫妇作答。同时你用一个与问卷调查独立无关的办法来探知答卷者的婚姻是否幸福美满，譬如直接问他们，或其他方式等。不过这都没关系。即使问卷设计得非常完美，也没什么区别。这不是问题之所在。然后你这么做：你观察所有那些洋溢着幸福的夫妇——看他们是如何回答在床上吃早餐的问 91 题，他们是如何对这个或那个问题作答的。你看到了吧，这同小鼠走迷宫向左转向右转完全一样。他们已经根据一个样本确定了事情发生的可能性。如果他们做事地道，那么接下去该做的就是用设计好的问卷再做同样的测试，现在他们已知道如何评分。这样答题给5分，那样答题给10分，其依据就是那一千对夫妇的答卷，如果他们很快乐，就得高分；不快乐就得低分。但现在是对这一测试再行测试。他们不能使用原先用来确定得分的样本。那样的话就又回去了。他们必须独立地另找1000对夫妇再行测试，看看是不是幸福的都得高分，不美满的都得低分。但他们不会这样做，因为一是那样太麻烦，他们没有时间；再者他们试过几次，发现这种测试不十分有效。

　　现在看看世界上所有这些不科学的、稀奇古怪的东西所带来的麻烦，我认为其中有很多事情其实并不是因为思考上有多么困难，而只是由于缺乏信息。特别是占星术，信的人有很多，毫无疑问，在座的一定也有不少。星相师说，有些日子去看牙医要比其他日子好。如果你生在某一天的某个时辰，那么你在某某天坐飞机就更安全。这些都可以按星相位置采用一定法则计算出来。如果真是这样，那将是非常有趣的。卖保险的对此最有兴趣了：他们可以按照占星术规则来改变投保人的保险费率，因为这些人在这些天里坐飞机安全性更高。但星相师从来没有检验过那些不该在那天登机的人登机的结果是否挺糟糕。哪天是做生意的好日子哪天不是这种问题从没有被真正搞清楚过。那占星术到底有没有用呢？

　　也许它的确是真的，是的。但另一方面，有数不尽的信息表明它不正确。因为关于如何工作有效率，人是什么，世界是什么，恒星怎么回事，你看到的行星又是怎么回事，是什么让它们不停地转呀转，两千年后它们会在什么地方，等等，所有这些问题我们都完全清楚。我们没有必要抬头看看才知道它们在哪里。而另一方面，如果你非常仔细地读读不同星相家编的书，你会发现它们彼此矛盾，这时你怎么办？最好就是不相信它。那一套东西根本就没有证据，纯粹是无稽之谈。你之所以会相信这些事情的唯一原因就是关于星星和世界以及其他看起来像那么回事的东西的信息是普遍缺乏的。如果这种现象存在，那它就会是极其显著的，会在所有其他现象面前表现出来。除非有人能用真实实⁹³验向你证明，能将相信的人和不相信的人拢在一块做一次检测，如此等等，否则就没理由非要听他们摆布。顺便说一句，这种测试早在科学诞生之初就已经有了。那是相当有趣的。我发现在早年间，譬如发现氧气等的那个年代，人们就曾提出这类实验来试图找出答案，例如 —— 这听起来很蠢，那是因为你害怕对它进行测试 —— 像传教士这样经常祈祷的好人是否会比其他人更少遇到海难。因此传教士要到遥远的国家去传教前，他们都会查阅资料看看传教士是否会比其他人更少遇到海难，结果发现没有任何区别。由此许多人不相信这有什么差别。

还有，如果你打开收音机 —— 我不知道这里的情形如何，想必应该是相同的吧 —— 加州的情形是，你听得到各种借助信仰来治病的医生的宣讲。我在电视上见过他们。要解释清楚为什么这又是一个荒谬可笑的命题耗费了我不少精力。事实上，所谓受人尊崇的整个宗教教派，即所谓基督教科学教派，正是以通过信仰来为人治病为基础的。如果这真的有效，它可能早就确立了，用不着通过个别人的趣闻轶事来宣讲，而是通过仔细的检查，通过技术上好的临床疗法，就像治疗疾病的其他方法一样。如果你相信这种信仰疗法，你很可能就不会采用其他方式来治病。这可能会耽误你早点去看医生。有些人信得还挺深，那就会耽误更长的时间才去看医生。信仰疗法有可能不是那么有效。还⁹⁴可能是 —— 我们不能肯定 —— 它根本就无效。因此相信信仰疗法很可能会带来危险，这不是闹着玩的，它可不像喜欢占星术那样无伤大雅，你相信只能在某些日子做某些事情仅仅只是带来一些不方便。最好是调查一下，我想知道 —— 我们每个人都有权知道 —— 相信基督的治病能力到底是使更多的人受到伤害还是有助于病情好转；这样的事情到底是带来更多的疗效还是更多的伤害。这两方面都是可能的，但需要调查。我们不应该没有调查就让相信它的人受到蒙骗。

广播里不仅有通过信仰治病的医生，还有教会播音员用圣经来预言各种将要发生的现象。我好奇地听到过有个人在梦中见到了上帝，并收到了给他那片教区信众的各种专门信息，等等，唉，这不科学的年代……对这种事情我真不知道该如何处置。我不知道要用什么样的推理能够很快证明那是有病。我想它只能属于那种对这个世界的复杂性缺乏基本了解的人，他们不了解这个世界是多么精致，像他们所讲的那些事情发生的可能性是多么微小。当然，在没有更仔细地调查之前我不能否定那些东西。也许有某种方法能够不断追问他们是怎么知道这是真的，并使他们能够记住自己错了。无论如何，记住这一点就够了，因为您可能会因此捂紧钱袋不去送上太多的钱。

当然，这个世界上还有许多完全是因一种大众的愚蠢而产生的现象是你没法搞定的。我们都做过蠢事，我们知道有个别人做的蠢事更多点，但要试图证明谁做得最多是没用的。还有通过政府法令来保护这种愚蠢行径的尝试，但没有完全成功。

例如，我曾为了买地到过一处荒无人烟的地方。你知道他们卖土地是要推动将这片土地建成一个新的城市。这很令人激动，很了不起的。你一定得去看看。试想你站在一个什么都没有的荒原上，地面上插着旗帜，上面写着地段编号，旁边竖着有街道名字的牌子，那是一种什么感觉！你驾车驶过荒地找到第四街标号为369的地段，这就是你的地盘了，你会怎样想？你站在那里，踢着脚下的沙粒，一边与销售人员谈论着为什么买街角的位置合算，这里车道有多方便，哪边都可以进出。糟糕的是，你信不信吧，你发现自己已经转到讨论海滨俱乐部上去

了，它该在哪一片海滩，入会需要什么样的规则，你可以带多少朋友前   96
来，等等。我敢肯定当时我一下子就陷进去了。

　　因此到了你想买地的时候，你会发现州政府已经采取措施要为您
提供帮助。他们印制了专门的说明书供你阅读，卖地的推销员会说，这
是明文规定，我们必须给你这个供你阅读。他们给你看说明，上面说，
这里的地产交易与加州其他地方的做法无甚区别，等等。但在其他事
项里我了解到，虽然他们希望能有5万人来这里住，但水源严重不足，
缺口是多少我不好说，否则会被控涉嫌诽谤，但确实相差很多 —— 确
切的我记不得了 —— 大概仅够5000人左右吧。当然这之前他们也注
意到了这一点，因此告诉我们说他们刚刚在远处另一地点发现了水源，
正在用泵将水引过来。当我问起这事时，他们非常小心地向我解释说，
这个水源是刚刚发现，还没来得及印上州政府颁布的小册子里。呜呼。

　　我再讲另一个类似的例子。有一次在大西洋城，我进了一家商店。
里头有很多座位，人们正坐在那里听一个人讲话。他非常有趣，知道很
多有关食品的事情，他正在谈论营养和其他什么事情。我记得他讲述   97
了一些重要的东西，譬如"甚至蠕虫都不吃精白面粉。"诸如此类。他
讲得很好，也非常有趣。这都是对的 —— 也许关于蠕虫的部分讲得不
是很对，但谈到蛋白质等部分都很对。接着他描述了联邦纯净食品和
药品法，解释了这项法案是如何保护你的。他解释说，自称是好的保健
食品的每一种产品都有助于你补充矿物质和这样或那样的营养，这些
瓶子上都会有标签，告诉你它的成分、它的作用，所有说到的好处都会
明确标出，因此，如果这里头有错，将会怎样怎样。他向听众说明了一
切。我心里想："他这样怎么赚钱呀？"接着他就拿出了瓶子。终于清楚
了，原来他是卖这种特效保健食品的，东西当然放在一个棕色瓶里。说

来也巧，他初来乍到，匆忙之间还没有来得及把标签贴上。这边是要贴到瓶子上去的标签，那边是瓶子，他急着卖药，于是一边给你瓶子，一边递给你标签让你自己贴上去。这家伙真是勇气可嘉。他先给你解释怎么做，应该担心些什么，然后就现身说法这么做给你看。

98　　　　我发现上一场演讲就有点与此类似。我指的是为我安排的第二场丹茨演讲。那场演讲一开始我就指出很多事情完全是不科学的，很多事情是不确定的，特别是政治上的事情。我说到两个国家——苏俄和美国——在互相争斗。经过一通神秘戏法，我们成了好人，他们成了坏人。然而在开始时，没有任何办法能决定哪个好哪个不好。事实上，这正是那一讲的重点。只不过我玩弄了点手段，从不确定中弄出某种相对确定性来。我刚刚跟你讲了瓶子和标签的事儿，然后我就走向另一端，将标签贴在了我的瓶子上。我是怎么做到这一点的呢？你必须好好想一想。当然，有一点我们可以确定，那就是一旦我们不能确定一件事，那么我们感到不确定这件事本身就已经是不确定的了。有人说"不，也许我敢肯定。"而事实上，我在那一讲里摆的噱头，也就是整个事情的薄弱点，是这样的，本来需要进一步阐发和研究的事情却变成了这样：我慷慨激昂地呼吁大家注意我的观点，譬如说最好有开放的渠道，不确定性是有价值的，更重要的是允许我们去发现新事物，而不是选择我们现在给出的解决方案——选择一个解决方案，无论现在怎样选，比起我们等待事情有点眉目了再来确定的方案，肯定要差得多。而这正是我做出的选择，而且我不能确定这样的选择是否正确。看到了吧，现在我已经把权威给破了。

这些问题都与缺乏相关的信息有关。但还有些现象，特别是在缺乏信息方面，我相信，要比占星术更为严重。

为了准备这次讲座，我调研了我所住城市的购物中心的一些事情。有这么一家店，门前挂着旗子。店名叫美国主义中心，奥塔迪纳美国主义中心。于是我走进美国主义中心想看看它是干什么的。原来这是一个志愿者组织。门外贴有美国宪法和人权法案等文件，还有一封信，内容是解释这个组织的宗旨，是为了保障人权，等等，其行事都按照美国宪法和人权法案等原则。情形大致如此。他们做的工作纯粹是教育性的。他们有各种各样有关如何提高公民意识等的书供人们选购，除此之外也有其他书籍，譬如国会记录、国会调查等小册子，那些正在研究这些问题的人就可以读到这些。他们还有晚间活动的学习小组，等等。由于我也关注人权问题，于是我问道，我有一事不是很了解，我想问问这里有没有关于南部各州黑人的投票自由问题的书。没问题，有的，在那儿。随后就出现了一件事，我在拐角看到了两本书，一本是根据牛津城教父写就的密西西比掌故，另一本是一本小册子，上面有"全美有色人种和共产主义促进协会"的字样。

因为我想对此做些比较详细的了解，看看到底会发现什么，于是就跟女店员交谈起来。她解释了很多其他事情（我们谈了很多事情——气氛非常友好，你听了会感到惊奇），她说她不是伯奇协会[1]的成员，但知道一些有关伯奇协会的事情，看过一些这方面的电影，等等，因此可以谈谈这方面的东西。她说如果你加入伯奇协会，你就不会

99

100

1.John Birch Society，美国的一个极右翼政治团体，创立于1958年，创始人为小罗伯特·韦尔奇。该组织政治上持传统保守思想，支持私有产权，强调法治和美国的主权原则，反对全球主义。该组织以约翰·伯奇命名是为了纪念1945年遭共产主义信仰者杀害的美国军事情报官约翰·伯奇。——译注，摘自http://en.wikipedia.org/wiki/John_Birch_Society

置身事外了。至少你知道你想要什么，因为如果你不想要的话你可以不参加进来，这是韦尔奇先生说的，是伯奇协会的入会方式。如果你相信这个你就该加入；如果你不相信这个，那么你不应该加入。这听起来就像某党。在他们没有掌权时一切说得都非常好。但一旦有了权力，情况就完全不同了。我试图向她解释，这不是我们谈论的那种自由，在任何组织中，应该允许存在讨论的可能性。作壁上观是一门艺术，而且做起来挺困难；重要的是实事求是，而不是走向这个极端或那个极端。行动起来是不是就一定比作壁上观更好？不一定吧。如果你还不知道该朝哪个方向走，盲目行动只会更糟。

　　于是我在那里买了两件东西，随便挑的。一件是《丹·斯穆特报告》[1]——名字不错——谈的是宪法和我将要展开的一般性概念：原版宪法就很好，后来所有的修正案都是错的。原教旨主义不只是表现在对圣经的态度里，也表现在对宪法的态度里。接着书中按国会议员的投票以及他们投的是什么票对议员进行了评级。在解释了他们的想法之后，书中非常明确地说道："下面按照国会众议员和参议员在支持还是反对宪法的表决时的投票对他们做一个评级。"我要提醒你，这些评级并不只是一种意见，而是基于事实。这个事实就是投票记录。事实，不掺和任何意见，只凭表决纪录。当然，每一项不是支持就是反对宪法。譬如医疗保险自然就是反对宪法啦，等等。我要说明的是，他们违反了自己的原则。根据宪法，投票是不言而喻的。但宪法没有假定事前自动认定哪些是对的哪些是错的。否则就不用麻烦成立议会来进行投票了。只要你有投票，那么投票的目的就只是试图让你下决心决定走

1.Dan Smoot Report，是美国联邦调查局特工和保守的政治活动家丹·斯穆特自20世纪50年代始到70年代初出版的一系列报告，内容主要是指控共产主义对美国政府和社会各界的渗透。——译注，摘自维基百科http://en.wikipedia.org/wiki/Dan_Smoot

哪条路。任何人都不可能事先确定会得到什么结果。因为那样就违反了宪法本身的原则。

伯奇协会开始时不错，有善、有爱、有基督，等等，它这么发展着直到遇到了可怕的敌人。然后它就忘记了原先的宗旨，整个倒了个个儿变得与初衷截然相反。我相信刚开始时那些行善友爱的人们，特别是奥塔迪纳的女志愿者，是怀着一颗善良的心，对它好的地方、宣传宪法等有所了解才加入进来的，但在这个组织里他们被引入歧途了。具体如何我不太了解，怎样做才能避免这样，我也不确切知道。 102

我又通过进一步深入了解，搞清楚了这个学习小组到底是干什么的了。如果你不介意，我可以告诉你那是做什么的。他们给了我一些文件。房间里有很多椅子。他们向我解释道，是的，当晚他们是有个小组活动。他们给了我一件东西，上面描述了他们将要学习的内容。我记下了其中的一些内容。它与S.P.X.研究协会有关。1943年，S.P.X.研究协会——果然是……好吧，我告诉你它是干什么的——应运而生，它是美国军方现役情报人员针对苏俄启用长期休眠的第十作战原则而成立的。瘫痪、找茬、休眠，神秘，让人觉得可怕。自有罗马军团以来，执行军事命令的神秘人物都曾有过各种作战原则。第一条、第二条、第三条……这是第十条。我们不知道第七条是说什么来着。存在长期休眠的作战原则这种设想，何况还是第十条作战原则，是极其荒谬的。那么什么是瘫痪原则呢？他们怎么运用这一概念呢？这就要说到幽灵（boogie man）。你知道什么叫幽灵吗？你可以这么来考虑，这个教育 103
项目就忙于这些事情：任何领域——农业、艺术、文化交流、科学、教育、新闻媒体、金融、经济、政府部门、劳动力市场、法律、医药、军队和宗教，这是最敏感的领域——都有可能被苏俄人用来瘫痪美国的抵抗意志。换句话说，我们现在有了这样一部开放的机器，任何持不同政见者都可以被指控为受到第十条作战原则的神秘力量的影响而处于精神瘫痪状态。

　　这是一种类似于偏执狂的现象。你不可能驳倒第十原则。唯一可能的是你有一定的思维平衡能力，对世界有一定程度的了解，懂得那种认为最高法院——这一沦为"征服全球的工具"——已经瘫痪的想法是一种思维失控的表现。你看这会变得多么可怕！一个又一个这种虚构的存在可怕力量的例子一而再、再而三地证明了这种活动能量的可怕。

　　这种事情说明了什么叫偏执狂。一个女人变得神经兮兮，她开始怀疑她丈夫正试图找她麻烦。譬如她不喜欢他进屋。但他还是想方设法要进屋，这正好说明他正在找她的麻烦。他找朋友来说服她。她知道这是个朋友，但她内心却偏激地认为这不过是进一步说明了他的可怕企图，只会强化她脑海里的惊恐。邻居们过来调解，劝了好一阵子，但没效，只好各自回去了。丈夫的那个朋友跑到邻居家想请他们再努努力。但他们都厌倦了。但她觉得他们会告诉她的丈夫她曾说过的所有可怕的事。哦，亲爱的，她怎么说的？他会利用他们来对付她。她打电话给警察局。她说，"我好害怕。"现在她把自己锁在房子里。她说，"我好怕。有人试图闯进屋子里来。"警察来了，想和她谈谈，他们认为没有人想闯进她的屋子。他们要回去了。这时她想起来她丈夫是这座城市里的重要人物。她记得他在警察局里有朋友。警察局也是这一阴谋的一部分。她的猜想再次得到了证实。她从窗口看出去，看到对面有人在一个邻居家串门。他们在说什么？她看到后院有什么东西在动。他们在用望远镜监视她！事后证明那只是一些小孩在后院里用木棍耍着玩。

她就这样不停地胡思乱想，直到把所有人都牵扯进来。她想起来了，她叫的那位律师曾是她丈夫的一个朋友的律师。那个一直在劝她到医院做检查的医生明显站在她丈夫一边。

因此，唯一的办法是保持一定的心理平衡，认识到不可能整个城市都跟她作对，不可能每个人都会注意到她丈夫的无助。人人都在忙着这件事，他们抱成团，所有邻居、每个人都恨她，这就过分了。但你怎么向一个不明事理的人解释这一切？

S.P.X. 研究协会就是这样的人。他们没有分寸感，相信存在苏俄第十作战原则这样的可能性。对于这种情形我认为要战胜对手的唯一办法就是，他们说得对。像我那位卖药丸让你自己贴标签的朋友那样，苏俄人的确非常非常天才和聪明。他们甚至告诉我们他们正在对我们做什么。你看，这些人，这些研究协会实际上正在步苏俄人的后尘使用这种瘫痪方法。他们希望我们做的就是对最高法院失去信心，对农业部、对科学家和对在各方面帮助我们的所有人失去信心。在所有方面失去信心。这就是那些已经加入并希望人人都加入自由运动的人所采取的方法。他们打着宪法的旗帜投机钻营，他们正在变得无处不在，他们正在使我们的国家变得瘫痪。证据？用他们自己的话说就是：S.P.X. 研究协会有合法的手续，作为针对第十作战原则的美国主要权威机构在美国法庭上宣过誓。他们从哪儿得到信息？只有一个地方。就是从苏俄人那儿。

这种妄想症，这种现象 —— 我不应该称之为偏执狂，我不是医生，我不懂 —— 但这种现象非常可怕，它造成了人类和个人极其严重的不安宁。

105

106

　　同样的例子还有著名的犹太教长老议定书。这是一份伪造的文件。它可能是犹太老人与犹太教长老自发聚在一起炮制的一个统治世界的计划。国际银行家，听到了吧，国际的 …… 多么庞大的一部机器！就是妄想得过头了。但它又没有过头到让人们根本就不相信它，它还曾是反犹太主义势力发展中最强大的力量之一。

　　在许多方面，我所要求的只是保持一种基本的坦诚。我认为，我们在政治问题上应该有更谦卑的诚实。我认为那样我们会更加自由。

　　我要说人都是不老实的，科学家也一样不老实。这是没办法的事，没有人诚实可靠，科学家也不可靠。但人们通常认为他们是可靠的，这就使得情况变得更糟糕。这里说的老实可靠不是说你只能说那些真实的东西，而是指你弄清楚了整个局面。您能为那些聪明人提供他们下决心时所需要的所有信息。

107　　例如，在核试验方面，我自己也不知道我是赞成核试验还是反对核试验。这两方面都可以列出各种理由。它造成放射性，具有危险性，而且还会将我们拖入战争。但你进行核试验到底是使战争的可能性增大了还是减小了，我不知道。到底是备战能制止战争还是不备战能制止战争，我不知道。因此我对哪一方都不发表意见。这就是为什么我在这个问题上可以坦诚告白。

　　当然，最大的问题是到底存不存在放射性带来的危险。在我看来，核试验最大的危险和最大的问题是其对未来的影响。核战争造成的死亡和放射性要比核试验大很多倍。它对未来的影响也要比现在产生的少量的放射性远远重要得多。但多少才算是少量放射性呢？有放射性总是不好的。没人知道一般放射性的正面效果。因此，如果你增加了大气中的放射性水平，那你就是在生产不好的东西。因此从这个角度说，核试验是在制造不好的东西。如果你是一个科学家，那么你就有权利并且应指出这一事实。

另一方面，这件事情是可以量化的。问题是多少才算是不利？您可以玩游戏，显示在未来两千年里你将杀死一千万人。如果我在汽车前面走，我希望将来能有更多的孩子。你也可以通过某种算法算出我会在今后一万年里杀死一万人。问题是这种作用有多大？上一次……（我真希望 —— 我本该检查一下这些数字，让我换一种说法。）下一次你听演讲时，可以提问我要告诉你的下面这些问题。因为我上次听演讲时问了些问题，我能记住演讲者的回答。但我最近没有检查这些数字，所以我拿不出任何数字，但我至少可以问这样一个问题，那就是从不同地域的放射性变化上看，放射性的增幅到底有多大？木质结构建筑的背景辐射量和砖石结构建筑的有很大的不同，因为木材的放射性要比砖石小得多。

当时我问的问题的答案是，核试验引起的对整个环境的影响变化要小于砖结构建筑与木结构建筑背景辐射量之间的变化。而且海平面的放射性强度与1500米高大气中的放射性强度之间的差别更是要比原子弹核爆试验所产生的额外放射性至少大上100倍。

现在我要说，如果一个人是绝对诚实并希望保护民众免受辐射伤害（这正是我们的科学家朋友经常说他们正在做的事情），那么他应当把工作重点放在上述最大数字方面，而不是最小数字方面。他应

108

当指出，生活在丹佛城里所吸收的放射性是如此严重，是核爆背景辐
射的100倍，因此所有丹佛人都应该转移到低海拔地区。其实实际情
形——如果你住在丹佛，不必害怕——并不严重，没有多大差异。这
只是一个很小的影响。我相信核爆带来的影响要比不同地域海拔高度
差带来的影响还要小，但我不能完全确定。我请你们提问以便搞清楚
的这个问题是：是否就因为放射性的缘故，你会像设法阻止核试验那
样十分小心地不走进红砖建筑物？当然，从政治上考虑，反对核试验还
可以有许多很好的理由。但那是另一个问题了。

　　在科学的事情上，我们正变得越来越多地与政府打交道，在各方
面也越来越缺乏老实态度，特别是在对不同行星的探险和各种空间探
险活动的报告和描述中缺乏这种诚实的态度。举一个例子，我们不妨
以探测金星的水手二号探测器为例。[1]这是一件非常令人振奋的事情，
一件了不起的事情，人类已经能够从地球上将一个东西发送到6500
万千米以外的另一个地方。而且离它是那么近，可以在3万千米之外得
到它的图像。这种兴奋让我难以言表，真是太有趣了。我已经超时了。

　　在这次探测期间发生的故事也同样有意思，令人兴奋。先是机器
出了故障。地面控制人员不得不将所有仪器关闭一段时间，因为太阳
能电池板不能正常工作，整个卫星有可能失去控制。后来太阳能电池

1. Mariner 2，水手二号探测器是美国于1962年8月27日发射的第二个水手系列探测器，该
探测器成功掠过金星从而成为人类第一个成功接近其他行星的空间探测器。在经历了108
天、2.9亿千米的飞行之后，水手二号于当年12月14日接近金星并拍摄下了红外及微波波段
的图像。根据其发回的数据，科学家们估计金星上覆盖着厚达60千米的二氧化碳大气层，
金星表面温度大概在425摄氏度。从1962年始到1973年止，美国宇航局先后共计发射了10个
用于行星探测的水手系列探测器。——译注，摘自维基百科http://zh.wikipedia.org/zh-cn

恢复正常，又能够继续供电了。接着又出现探测器过热问题。不是这个出点毛病就是那个不正常，然后又恢复工作。新探险所遇到的所有事故和兴奋都尝遍了，就像哥伦布或麦哲伦环球航行，遇到过哗变，遇到过各种麻烦，还发生过海难，不一而足。这次探测确实是个激动人心的故事。例如，当出现过热时，有人写文章说，"这是过热现象，我们正好可以从中学习。"我们能学到什么？如果你对此懂点皮毛，你就会知道你学不到任何东西。你把卫星发射到近地轨道上，你知道它从太阳那里能接收多少辐射……我们知道这一点。当卫星飞临金星时又得接受到多少辐射呢？这都有绝对精确的定律可依，这就是著名的平方反比律。你离得越近，光线就越强。这很容易。因此，为了调节温度需要在星体上漆上多大的黑白比例是很容易弄清楚的事。

我们唯一学到的是，它出现过热，不是由于别的什么原因，而是整个发射工作太过匆忙，一直忙到发射前的最后一分钟；内部仪器老在改，结果探测器内部集聚了过多的热，超出了原设计所容许的范围。因此，我们学到的不是什么科学的收获。而是在这些事情上要学得仔细一点，不要这么匆忙，到最后一分钟心里还老想着调整。也是奇迹使然，探测器飞临金星时，所有仪器基本上都正常了。按原计划，探测器应当在绕金星做轨道运动时飞临金星21次，拍摄下如同电视画面那样的图像。实际只成功了3次。这已经很好了，堪称奇迹。这是一个了不起的成就。哥伦布曾说过，他做环球航行是为了黄金和香料。但他没找到黄金，找到的香料也很少。但这次发射确实是一个非常重要、非常激动人心的时刻。人们原本希望水手能够传回重要的科学信息，结果并没有，我告诉你没有。过会儿我再来纠正这种说法。实际上它近乎没有。但它是一个了不起的、令人兴奋的经验，而且对未来会有更多的影响。他们在文章里说，从对金星的观察来看，云层之下的表面温度高达

800摄氏度。这已是众所周知的了。今天，我们用帕洛玛望远镜在地球上就可以测得金星的这一温度，现在不过是进一步得到了证实。何等的聪明！同一信息在地球上观察就可以获得：我有一个朋友，他就有这方面的资料。他的房间里有一张很漂亮的金星地图，上面有表示不同地区的冷热和不同温度的等温线，非常详细，就是从地球上得到的，不是仅有3块带高低示性的区域而已。这次飞行有一件斩获值得指出——金星与地球不同，周围没有磁场——这一信息是从地球上不可能得到的。

在从这里到金星的途中还有许多非常有趣的信息。应当指出，如果你不是要发射探测器到一个行星上去，你就不必在其中安装额外的校正装置，不用加装额外的火箭来重新引导它。你只管把它发射出去就完了。你可以安装更多的仪器，更好的仪器，对探测器内部空间利用进行更精心的设计。如果你真的想在地球与其他行星之间的空间里找到什么有用的信息的话，你不必花力气奔着金星去。如果最重要的信息来自行星际空间，而我们又希望得到这样的信息，那么就让我们再发送一个卫星上去，它没有必要飞向某个行星，也没必要加装与此相关的各种复杂设备。

另一个是徘徊者号探月卫星项目[1]。我生病了，当我在报章上读到前后5次发射结果是一次接一次的失败时，我真是非常的难受。每一次我

1.Ranger program，美国于20世纪60年代进行的系列探月工程项目，目的是通过无人太空飞船在月球表面着陆来得到月球表面图像。截至费曼演讲之时，前5次发射均以失败告终，不是发射失败，就是错过了月球或尚未工作即被撞毁。1964年以后的4次发射（从模组3的徘徊者6号到徘徊者9号）均告成功，在撞击损毁前向地球传回了高质量的电视画面。——译注，摘自维基百科http://en.wikipedia. org/wiki/Ranger_program

们学到了一些东西，然后却不继续沿该方向走下去。我们得到的教训非常多。这次是有人忘记了关闭阀门，下一次则是有人让沙子跑进了仪器。有些时候我们学到了一些东西，但在大多数时候我们只知道问题出在我们的工业界、我们的工程师和科学家身上。计划失败了，而且失败了这么多次，没有一个合理、简单的解释。就我所知，我们完全不必出现这么多次失败。这一定是在组织上、在行政上、在工程上或在这些仪器的制造等环节上出了什么问题。重要的是要认识到这一点。知道我们一直在学习是远远不够的。

113

　　顺便说一句，有人问我，为什么要到月球上去？因为这是科学上的一次伟大的探险。顺带指出，它也是一项技术开发工作。你必须制造出登月用的所有这些仪器 —— 火箭等 —— 因此技术开发也是非常重要的。此外登月还使科学家感到高兴。如果科学家们高兴了，也许便会弄出些军事上有用的东西来。另一种可能是直接将太空技术军事化。我不知道该怎么做，也没人知道该怎么做，但事实证明是存在这种使用可能的。不管怎么说，这都是可能的：如果我们将登月用的长程运载技术继续朝着军事方面发展，也许有助于遏制苏俄将某些我们尚未掌握的技术转为军事用途，从而建立起间接的军事优势。也就是说，如果你能制造出更大的火箭，那么你可以直接用它们从地球这边打到地球那边而不必登月。另一个好的理由是宣传上的。让对手在某些技术领域取得领先已经让我们在世界面前丢了脸。正好我们可以就此将脸面找回来。所有这些理由单独看来都不足以解释我们为什么要登月。但我相信，如果把所有这些理由合在一起，再加上其他一些我没想到的原因，理由就充分了。

114

　　嗯，我算打中要害了。

　　我想谈谈另一个问题，就是你如何获得新想法。这是同学们最感
兴趣的了。你如何获得新想法呢？通常你会通过类比，但我要说用类比
会使你经常犯大错。我们不妨回顾一下过去，在那些不科学的年代，看
看都有些什么东西，然后再看看我们现在是否有同样的东西，如果有
的话在哪里？我想这么做一定挺有趣。首先，我们拿巫医开刀。巫医说
他知道如何治病。病因是你体内有魂灵正在试图跑出来。你必须用鸡
蛋将它们驱除出来，等等。他们将蛇皮披在病人身上，再从树皮里取些
个奎宁。奎宁起效了。但他不知道他用了错误的理论来解释。如果我在
部落里正好有病，我去看巫医。他对此知道得比其他任何人都多。但是
我总想告诉他，他不知道自己在做什么。当某一天，人们可以自由自在
地调查事情真相，并摆脱他的那些复杂概念的时候，他们将学到很多
更好的办法。当今谁是巫医？自然是精神分析学家和心理学家。如果你
看看他们在极短时间里发展起来的那些复杂概念，再比较一下任何其
他科学领域里从一个概念发展到下一个概念要经过的漫长时间，你就
会明白精神分析和心理学是怎么回事。试想所有那些结构、发明和复
杂的事情，本我与自我，张力和应力，推和拉，等等，我告诉你，它们
115　不可能一股脑地全出现在那里。没人能在这么短的时间里炮制出这么
多的新概念来。不过我提醒你，如果你身在其中，除了接受还真没法
可想。

　　现在我可以来点更有意思的，是专门讲给你们大学的学生听的。
我曾认为，在中世纪，阿拉伯学者对科学是有贡献的。他们自己做过一
点科学研究，这不容否认。但他们写了很多关于前人的评论，写了很多
评论这些评论的评论，彼此之间你写我我写你，不断地写这些评论。写
评论是文化人的一种病态。传统是很重要的。但新思路、新的可能性的

自由发挥则在"已有方法要比我能够想得出来的更好"的口实下被否定掉了。我没有权力改变这一切，无权发明任何东西或思考什么事情。那么，今天的这种人则是你的英语教授。他们沉浸在传统之中，他们写评论。当然，他们也教我们或我们中一些人的英语。这是类比不起作用的地方。

现在，如果我们在这里继续运用类比，我们看到，如果他们有更富启迪的世界观，那么就会出现许多有趣的问题。譬如说，现在有多少种词类？咱们要不要再发明一种词类？ 噢 —— 我不应乱说！

那么词汇又当如何呢？我们的单词是不是太多了？不，不，我们需要用词来表达思想。那么我们的词汇是不是太少了？不，机缘凑巧，在时间的长河里，我们恰好发展出了一种完美的构词法。

116

现在，让我在较低水平上问这个问题。这就是，你总听到这样的问题："为什么约翰尼不会识读？"答案是，因为拼写。两千年前，甚至更早的三四千年前，腓尼基人已能够从他们的语言中整理出一套描述声音的符号系统。它非常简单。每种读音对应于一个符号，每一个符号对应于一种读音。所以你看到符号就能知道它怎么读。这是一个了不起的发明。但在这之后，事情有了变化，英语变得失控了。我们为什么不能改变拼写？如果不是英语教授做这事还有谁能做？如果英语教授会向我抱怨说，来上大学的学生经过这么多年学习还不能拼写"friend"，我会对他们说，问题出在你拼写"friend"的方式上。

此外，如果他们想辩解，也许会这么说，这是一个事关语言风格和美感的问题，如果创造新词和新的词类，这种风格和美感就可能遭到

117　破坏。但他们解释不了拼词与风格之间到底有什么关系。其实这根本就与什么艺术形式或文学形式无关，只有拼字游戏是唯一的例外，其中拼写会造成风格的差异。即使是拼字游戏，也可使用不同的拼写。如果英语教授不来做这件事情，如果我们给他们两年时间还一点动静都没有 —— 请不要发明三种拼写方式，一种就好，大家都习惯了 —— 如果我们等了两三年还没有任何反应，那么我们就要去问问语言学家了，因为他们知道如何做到这一点。您知道吗？他们可以用字母写出任何一种语言，这样当你听到它时，你就可以知道它在另一种语言里是如何发声的。这真的很有意思。因此，单就英语来说，他们应该能够搞定。

　　我还有一件事情要留给他们。业已证明，用类推来争辩存在很大的危险。我们应该指出这些危险。但我没有时间做这些了，所以我把指出类推引起的推理错误留给你的英语教授去处理。

　　有很多东西，正面的东西，是科学的推理起作用的，并且在这方面取得了很大进展，前面我挑出了很多负面的东西。我想让你们知道我赞赏积极的东西。（我也明白我说得太长了，所以我这里只能提及一下

118　这些东西。但这样显得正负不成比例了。我真想多花些时间。）有许多事情，理性的人们正通过很有道理的方法在非常努力地进行着。但还没人注意到这一点。

　　例如，人们已安排好交通系统，交通路况的安排在其他城市一样会奏效。刑事侦破在如何获取证据、如何判断证据、在证据面前如何控制自己情绪等方面已经处于相当高的水平。

　　在考虑人类的进步时，我们不仅要考虑到技术性发明方面，对那

些数量巨大且相当重要的非技术性发明也不能忽视。例如，在经济学领域，我们发明了支票、银行以及诸如此类的东西。国际金融安排等更是了不起的发明。它们是绝对必要的，代表了一种伟大的进步。再譬如会计系统。商业会计就是一种科学的过程——我是说也许它不属于科学，但却是一个理性的过程。法律制度也已逐步发展起来。我们有了陪审团和法官制度。当然，其中还有很多不足和缺陷，为此我们必须继续努力加以改进，但这不妨碍我对它表示钦佩。政府机构的发展也已进行多年，在某些国家，大量问题已经得到解决，其采用的方法有些我们可以理解，有些还不能。我要向你提到一件事，它一直让我搞不懂，这就是政府对军队的实际控制问题。历史上大多数时候遇到的麻烦便是 119
强大的军队试图控制政府。不掌握军权的人可以控制掌握军权的人，这很神奇，是不是？罗马帝国遇到的困难也正是这一点：禁卫军比议院更强大。而且这个问题似乎没法解决。然而在我们国家，我们有一套约束军队的纪律，使得他们永远不能试图直接控制议会。人们取笑军方高级将领，随时拿他们开涮。无论有多少事情让他们如鲠在喉，我们这些平民仍能够控制军队！我想是军队的纪律让他们知道自己在美国政府中的位置，这一点正是我们的一项伟大遗产，是我们非常有价值的东西之一。我不认为我们应当对他们如此苛责，除非他们不耐烦，要摆脱自我施加的纪律。不要误解我的意思。军方像其他任何方面一样也有很多缺点。他们处理安德森先生（我觉得是这个名字，就是那个谋杀同胞的人）的方式就是一例。如果让他们接管权力，还不知道会发生什么事情。

现在，如果我们展望未来，我想谈谈科学的未来发展。存在这样一种可能性，就是当我们实现了聚变控制的时候，我们几乎就摆脱了能源危机。在不久的将来，生物学的发展将会带来前所未见的问题。生物 120

学的迅猛发展将会引起各种非常令人兴奋的问题。我没时间讨论这些了，因此只能请你们有时间去读读赫胥黎的书《美丽新世界》，那里面给出了未来生物学可能会带来的种种问题。

关于未来，有一件事情我很看好。那就是很多事情都趋势向好。首先，有越来越多的国家愿意彼此倾听，相互交流，即使它们也想充耳不闻。各种观点流行，因此很难将不同观点拒之门外。

还有一点我想花一点时间说得清楚点：正如我前面所说，道德价值和伦理判断的问题不是通过科学能解决的问题，而且对此我也不知道该说什么。然而，我看到一种可能性。可能还存在其他可能性，但我只看到一种可能性。你看，我们需要某种机制，就像先做观察再来相信它那样的机制，用来作为道德价值的取舍方案。在伽利略时代，关于是什么让一个物体落下去曾引起很大争论，对介质、推力和拉力等存在各种各样的争论。伽利略的做法是，撇开各种争论不管，只确定物体是否下落，下落得有多快，只描述过程，由此赢得了所有人的共识。继续沿这个取得所有人共识的方向研究下去，尽可能不理会是什么机制在起作用，用什么理论来做解释。然后慢慢地，随着经验的积累，你会发现这背后也许存在令人比较满意的其他理论。在科学发展的早期，激烈的争论不一而足，例如关于光的争论。牛顿通过一些实验证明，光束被分开，而且用棱镜分开的光束永远不会再次分离。他为什么要与胡克争辩呢？那是因为当时有一套光的理论。他不是争辩这种现象是否正确。胡克拿起棱镜一看，便明白这是事实。

所以，现在的问题是我们能否就道德问题做一些类似的事情（和类比工作）。对后果达成共识，在最终结果上达成一致，暂不问原因，不问我们是否应该做，我相信这不是完全不可能的。在基督教初期也存在争论，例如当时就争论过耶稣的身体是用类似于上帝的东西造的还是与上帝是同一种东西造的，译成希腊文后，这个问题变成了 Homoiousions（本体相类论）和 Homooousians（本体同一论）之间的争论。不要笑，有人正因此被伤害，有人声誉扫地，有人被杀，争辩的无非是相同还是相似。今天，我们应该从中汲取教训，在取得共识时别再争论为什么会取得共识的原因。

122

因此，我认为教皇约翰二十三世的通谕（我读过）是我们这个时代最重要的事件之一，是迈向未来的一大进步。我找不到比通谕里更好的字眼来表达我对道德信念、对人类的义务和责任、一个人对他人的义务和责任的理解。也许我不同意其中对一些思想的解释，譬如它们来自上帝，等等，我个人不认为是这样，我也不认为其中的一些思想是以前历届教皇思想的自然产物，透着自然和明智。我不认同，但我不会嘲笑它，也不会与它争辩。我同意教皇所代表的责任和义务就是人民的责任和义务。我认为这篇通谕也许是新的未来的一个起点，在这样一个未来里，只要我们的最终目的一致，只关注如何采取行动，相信同样的事情，我们就不必牢记着我们为什么会相信那些事情的理论。

非常感谢。我很开心。

理查德·费曼生平

　　1918年，理查德·费曼出生于纽约的布鲁克林，并于1942年在普林斯顿大学获得博士学位。尽管很年轻，但在第二次世界大战期间，他在洛斯阿拉莫斯的曼哈顿工程中却起到了重要作用。后来，他前后在康奈尔大学和加州理工学院任教。1965年，他因量子电动力学方面的工作，和朝永振一郎（Sinitiro Tomanaga）以及施温格（Julian Schwinger）共同荣获诺贝尔物理学奖。

　　费曼博士因为用量子电动力学理论成功解决了许多问题而荣获诺贝尔奖。他还为解释液氦的超流现象提出了一种数学理论。这之后，他与默里·盖尔曼（Murray Gell-Mann）一起，在 β 衰变等弱作用领域进行了奠基性的工作。在随后几年里，费曼在发展用于解释高能质子碰撞的部分子模型中起到了关键的作用。

　　除了这些成就，费曼博士还将新的计算技术和符号系统引入到物理学 —— 这就是独一无二的费曼图，这个图，近代科学史上大概无出其右者，改变了对基本物理过程进行理论化和计算的方法。

　　费曼还是一位杰出的卓有成效的教育家。他一生获奖无数，但最让他引以为豪的是1972年荣获的奥斯特教学奖。初版于1963年的《费曼物理学讲义》被《科学美国人》杂志的书评家描述为"艰深但内容丰富、充满趣味的教科书，25年来，一直是教师指南和大一学生最好的入门教材。"为了增进普通百姓对物理学的了解，费曼博士写了《物理定律的本性》和《QED：光和物质的奇妙理论》。他还写作了一系列高级读物，这些著作已经成为研究人员和学生的经典参考书和教材。

理查德·费曼是一位富于建设性的知名人物。他在挑战者号调查委员会的工作举世闻名，尤其是他关于O型密封圈的低温敏感性的示范性实验，做得极其优雅，所需条件仅仅是一杯冰水。相比之下，他于20世纪60年代在加州课程委员会对教科书的平庸提出抗议的事则显得不那么为人所知。

对理查德·费曼的众多科学和教育方面的成就的罗列并不能充分展现他的本质。读过他最专业的学术著作的人都知道，费曼活泼而多才多艺的个性闪现在他的所有作品中。除了身为一名物理学家，他还经常修理无线电、修锁，他不仅是一位艺术家和舞蹈家，还是一名邦戈鼓鼓手，甚至会破译玛雅象形文字。他对世界永远充满好奇，他是一位模范的经验主义者。

1988年2月15日，理查德·费曼在洛杉矶与世长辞。

译后记

王文浩
2012年10月

本书原名叫 *The Meaning of It All*（《一切的意义》），是费曼于1963年在华盛顿大学所做的三次演讲的实录。费曼以其特有的风格纵横捭阖，议题遍及科学与宗教的关系以及对政治对社会等现象的看法。尽管由于年代的原因，很多具体内容显得有点陈旧，但贯穿三篇演讲的主旨在今天依然有其现实意义。这就是科学的怀疑精神、做事的求实态度和区分真善的能力[1]。由于演讲中谈及很多政治，措辞不无商榷性，希望读者能从当时背景出发，正确理解作者的本意。另外，原书末附有词汇索引。由于本书浅显易懂，因此除个别名词术语涉及历史掌故以译注形式注出之外，译本不附索引，请见谅。

1.费曼的另一书*What Do You Care What Other People Think*（《你干吗在乎别人怎么想》，湖南科学技术出版社，2005年）中包括的一篇演讲《科学的价值》，主旨相同，可以进一步欣赏。——译注

图书在版编目（CIP）数据

费曼讲演录：一个平民科学家的思想 / （美）理查德·费曼著；王文浩翻译. — 长沙：湖南科学技术出版社，2019.5（走近费曼丛书）（2023.8重印）

书名原文：The Meaning of It All: Thoughts of a Citizen-Scientist

ISBN 978-7-5710-0016-5

Ⅰ.①费… Ⅱ.①理… ②王… Ⅲ.①自然科学 - 文集 Ⅳ.① N53

中国版本图书馆 CIP 数据核字〔2018〕第 274097 号

湖南科学技术出版社通过博达著作权代理有限公司独家获得本书简体中文版中国大陆出版发行权

著作权合同登记号：18-2015-117

FEIMAN JIANGYANLU：YIGE PINGMIN KEXUEJIA DE SIXIANG

费曼讲演录：一个平民科学家的思想

著者

[美] 理查德·费曼

翻译

王文浩

出版人

潘晓山

责任编辑

吴炜　孙桂均　李蓓

书籍设计

邵年

出版发行

湖南科学技术出版社

社址

长沙市芙蓉中路一段 416 号
泊富国际金融中心

http://www.hnstp.com

湖南科学技术出版社
天猫旗舰店网址

http://hnkjcbs.tmall.com

邮购联系

本社直销科 0731-84375808

印刷

长沙超峰印刷有限公司

厂址

宁乡市金州新区泉州北路 100 号

邮编

410600

版次

2019 年 5 月第 1 版

印次

2023 年 8 月第 5 次印刷

开本

880mm×1230mm　1/32

印张

3

字数

75000

书号

ISBN 978-7-5710-0016-5

定价

29.00 元

（版权所有·翻印必究）